硫化矿物流体包裹体活化浮选理论

文书明　刘　建　邓久帅　著

科学出版社

北京

内 容 简 介

浮选是发生在固液界面的物理化学行为,矿物表面性质和溶液化学组分对浮选行为有着决定性的影响。矿物解离过程中,表面发生弛豫,硫化矿物表面呈现富硫状态。同时,矿物中的流体包裹体破裂,其中的成矿古流体向矿浆溶液释放,成为硫化矿物浮选矿浆溶液中"难免"离子的重要来源。这些离子在硫化矿物表面发生吸附,改变矿物表面的基本性质,从而影响硫化矿物浮选的物理化学过程。本书以硫化矿物为主要对象,从宏观到微观,详细介绍矿物流体包裹体的形态、分类及组分的分析检测方法,深入研究包裹体组分释放及溶液化学平衡、组分与硫化矿物表面及捕收剂间的相互作用以及对硫化矿物浮选的影响等内容。

本书可供矿物加工工程和地球科学领域的科技工作者参考,也可供环境化学、矿物材料等相关领域的研究人员参考。

图书在版编目(CIP)数据

硫化矿物流体包裹体活化浮选理论 / 文书明,刘建,邓久帅著. —北京:科学出版社,2019.7

ISBN 978-7-03-060586-3

Ⅰ.①硫⋯ Ⅱ.①文⋯ ②刘⋯ ③邓⋯ Ⅲ.①硫化矿物—流体包裹体—浮游选矿 Ⅳ.①TD923

中国版本图书馆 CIP 数据核字(2019)第 032635 号

责任编辑:郑述方 / 责任校对:杜子昂
责任印制:罗 科 / 封面设计:墨创文化

科 学 出 版 社 出版
北京东黄城根北街 16 号
邮政编码:100717
http://www.sciencep.com
成都锦瑞印刷有限责任公司印刷
科学出版社发行 各地新华书店经销

*

2019 年 7 月第 一 版 开本:B5(720 × 1000)
2019 年 7 月第一次印刷 印张:12
字数:250 000
定价:168.00 元
(如有印装质量问题,我社负责调换)

前　言

　　矿物浮选至今已有近百年的历史，是回收矿物最为主要的方法，其发生在固液界面的物理化学行为直接影响矿物浮选的基本过程，所以矿物表面性质、矿浆溶液组分及其相互作用成为人们研究的重要科学问题之一。经典的浮选理论认为，矿浆溶液中不可避免的"难免"离子来源于矿物的溶解、氧化，磨矿介质的磨耗及浮选用水，这些"难免"离子在矿物表面的吸附对浮选行为具有影响，特别是对金属硫化矿物的浮选与分离具有重要影响。

　　然而，金属硫化矿物属于难溶矿物，原生金属硫化矿物氧化速度慢，无论是溶解还是氧化，都需要比较长的时间，平衡溶解度为 $10^{-15} \sim 10^{-8}$ mol/L，在矿物解离和浮选的有限时间内，矿浆溶液中通过氧化和溶解形成的"难免"离子浓度是相当低的，如此低的离子浓度，对硫化矿物表面物理化学性质的影响是不显著的。在实际生产中，矿浆溶液中"难免"离子浓度远远高于这种溶解与氧化形成的离子浓度，"难免"离子对浮选的影响往往不可忽视，对硫化矿物的浮选分离有时起到决定性作用。

　　矿物晶体不可避免地存在各种缺陷，其中的原生裂纹、空隙、孔洞等问题在经典的浮选理论中尚未被深入研究，几乎被人们忽略。实际上，这些"空隙"和"孔洞"并不空，其中包含了数千万年前矿物形成时期被圈封的成矿古流体，即流体包裹体。地质科学领域对流体包裹体已开展了深入系统的研究，从中获取的成矿时期的部分原始信息，成为研究成矿机理的重要科学依据，大量而充分的研究使流体包裹体的地质科学分支学科已经形成。

　　矿物流体包裹体理论研究与实践表明，矿物、岩石中广泛存在流体包裹体，天然矿物中流体包裹体的数量巨大，其中含有丰富的化学组分，如重金属、碱金属、氯盐和硫酸盐组分等。碎矿磨矿过程中，这些包裹体被破坏，包裹体中古流体向矿浆中释放。金属硫化矿流体包裹体释放的重金属离子浓度远高于其自身氧化溶解释放的浓度，成为矿浆溶液中"难免"离子的重要新来源。这些古流体中的金属离子组分，将会在新生的矿物表面发生强烈吸附，改变矿物表面的物理化学性质，对矿物产生自活化或抑制作用，从而影响硫化矿物浮选的物理化学过程。

　　本书由浅入深，主要介绍了流体包裹体的形成与分类、包裹体的检测与组分分析、金属硫化矿流体包裹体组分释放及其表面吸附机制以及浮选影响等内容，形成了硫化矿物流体包裹体活化浮选理论体系。希望本书能起到抛砖引玉的作用，同时希望对硫化矿物浮选的基础理论进行补充和完善。此外，本书相关研究得到中国工程院孙传尧院士的指导和帮助，得到南京大学内生金属矿床成矿机制研究国家重点实验室等部门的支持，获得国家自然科学基金委员会的支持，在这里一并表示衷心感谢！

由于作者水平所限，不足之处在所难免，敬请读者批评指正。

文 书 明

2018 年 11 月 22 日

目　　录

第1章 矿物流体包裹体

1.1 矿物流体包裹体的定义

矿物流体包裹体的研究最初来源于地质学领域，19世纪中期，人们首先在石英和黄玉等矿物中发现了包裹体，拉开了人们对矿物中各种包裹体研究的序幕，随后经过大量而深入的研究，逐渐形成了较为全面和科学的流体包裹体定义，即：矿物流体包裹体是指成岩成矿溶液在矿物晶体生长过程中，被捕获在矿物晶体缺陷，如空穴、晶格空位、位错及微裂隙之中，而且至今尚在主矿物中完好封存并与主矿物有着相界限的独立封闭体系。为了准确理解以上定义，地质学中作了如下几点说明：

（1）定义中的成岩成矿流体，是指包裹体捕获时主矿物周围的流体介质，如岩浆、溶液或气体，一般不包括介质中的碎屑物质，如晶屑、岩屑、晶体等。

（2）主矿物，即含有包裹体的矿物，它是圈闭包裹体的矿物且几乎与包裹体同时形成。

（3）当包裹体捕获的流体属于过饱和溶液时，温度降低，溶液中会结晶出子矿物固体相，并封存于包裹体中，与气泡和液体等共存，即形成含子矿物的流体包裹体，如图1-1所示。

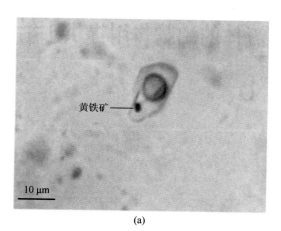
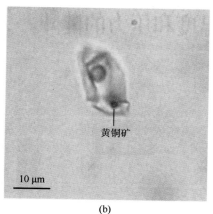

图 1-1 云南香格里拉巴迪铜矿床含矿石英脉中富含子矿物的流体包裹体（苏杰，2014）

（a）含黄铁矿子晶的包裹体；（b）含黄铜矿子晶的包裹体

（4）关于包裹体与主矿物之间相界限问题，显微镜下看到的包裹体外形轮廓即为包裹体与主矿物的相界限。在主矿物形成过程中，成矿压力、温度等的变化致使主矿物晶体产生各种形式的洞穴、裂隙等晶体缺陷，这些缺陷捕获流体并封闭愈合，因此包裹体外形轮廓即为包裹体与主矿物之间的平衡界间层。

（5）在主矿物结晶生长过程中，当包裹体被捕获之后，它与外界便不存在物质交换，且与主矿物有着相的界限，并成为独立体系，包裹体与主矿物共存，一直保留至今。

地质学上的研究结果表明，流体包裹体的大小与其形成时的地质作用和条件密切相关，不同矿物和同种矿物中流体包裹体的大小都存在差别，包裹体长径通常为 10 μm 左右，大多小于 100 μm。由包裹体的定义可知，矿物流体包裹体可以看成是包含特定地质时期成岩成矿流体样品的独立地球化学体系。该体系具有以下三个重要特征：一是具有封闭性，一般认为包裹体形成后没有物质进入或逸出；二是为均一体系，包裹体形成时捕获的物质为均匀相；三是为等容体系，包裹体形成后体积没有发生变化。但是，近年来研究表明也存在非均匀体系捕获的包裹体。

1.2   包裹体的形成过程和机理

1.2.1   矿物晶体生长及缺陷

众所周知，自然界中并不存在完美无缺的理想晶体，即使在最严格的实验条件下，也难以产生。事实上，任何一种干扰完整晶体生长的作用，都可造成晶体缺陷的产生，从而导致包裹体的形成。在任何种类的流体介质中，由于矿物晶体的不规则生长，矿物结晶生长或重结晶时，必然会导致各种晶体缺陷的产生，少量介质流体贯入这些缺陷之中，并被封存形成流体包裹体。流体包裹体的形成机理，就是晶体生长或重结晶过程中缺陷形成、流体贯入和晶体继续生长封闭的全过程。

矿物固体结晶的形成，就是从气相、液相和硅酸盐熔融体相转变为固相的，质点在三维空间上按照特定的规律发生堆砌，其本质是质点从不规则到规则排列的过程。理想情况下，成矿溶液或岩浆硅酸盐熔融体由于温度下降达到过饱和时，介质的质点按一定规律聚合成微小晶核或晶芽，形成结晶中心，然后长成晶体。通常，当晶核形成后，质点会按照既定的晶体结构不停地向晶核上黏附使其持续生长。以图 1-2 理想晶体生长过程为例，图 1-2 中 1 对应三面凹入角的部位对质点的吸引力最强，因此质点首先被黏附到该位置，最大限度地释放晶体能量使晶体内能达到最低而保持稳定状态。然后，质点黏附在图 1-2 中 2 对应的二面凹入角部位，最后才是黏附到无凹入角的一般位置（图 1-2 中的 3 位置）。对于晶体的理想生长过程，首先在晶芽基础上先长满一层面网，接着生长相邻层，再逐渐向外平移。每两个相邻面网相交的公共行列，形成晶棱；整个晶体为晶面所包围，最终形成结晶多面体。

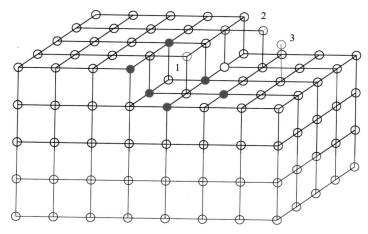

图 1-2　理想晶体生长过程中质点堆积顺序（潘兆橹，1985）

1. 三面凹入角；2. 二面凹入角；3. 一般位置

　　正确认识和理解包裹体的成因和生成机制对人们解释包裹体的化学组分、压力、体积、温度等相关信息至关重要。晶体生长不仅受成岩成矿溶液自身物理化学性质及相互间的复杂作用控制，也受生长环境外界的压力和应力、温度等的影响。晶体发育完成后，随着地质作用的演变，晶体也不可避免地受到影响。在整个地质作用过程中，晶体生长很大程度上受客观环境的影响，表现出偏离理想条件的生长，在晶体结构局部范围内产生某种形式的缺陷。根据缺陷在空间范围内的延伸，可以分为以下几种情况：①点缺陷：晶格杂质原子、空位、空隙原子等；②线缺陷：位错；③体缺陷：裂隙、孔洞等。

　　包裹体的形成与上述晶体生长过程中的多种缺陷密切相关，尤其是体缺陷。体缺陷成为矿物晶体捕获成岩成矿流体的主要空间，相当一部分包裹体形成于体缺陷。除了一次性形成的体缺陷外，点缺陷、线缺陷在晶体生长过程中也可溶解、扩展、浸蚀，从而形成体缺陷。

1.2.2　包裹体流体捕获

　　矿物形成过程中，任何影响、阻碍或抵制晶体生长的因素，都可以引起矿物晶体缺陷，这些晶体缺陷为流体捕获创造了前提条件，缺陷捕获流体后继续生长发育进而形成包裹体，归纳起来有以下几种情况。

1. 晶体不规则生长

矿物晶体发育过程中，会产生如镶嵌结构、晶簇中各晶体随机取向、螺旋位错等大量不规则结构，形成多种空隙，导致包裹体的产生。显微研究表明，两个相邻的大的生长螺旋之间或生长螺旋中心，常常容易捕获流体形成包裹体［图 1-3（b）］。同时，处于生长期的晶体产生裂隙后往往导致其后续不规则生长，容易在原裂隙的基础上形成新的缺陷，进而捕获流体形成包裹体，如图 1-3（c）所示。

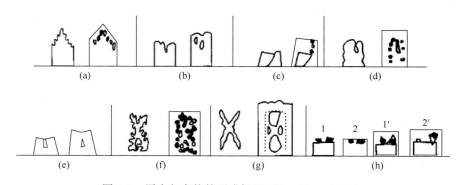

图 1-3　原生包裹体的形成机理（Roedder，1984）

（a）致密晶层覆盖了枝蔓快速生长层，形成层状包裹体群；（b）各生长螺旋之间或生长螺旋中心捕获的包裹体；（c）晶面裂纹导致晶体的不良生长，形成包裹体；（d）晶体部分溶解，产生蚀坑和弯曲晶面，因晶体的再生，捕获包裹体；（e）晶体结构单元的亚平行生长捕获的包裹体；（f）因温度降低，岩浆对某相呈过饱和状态，但未能成核，当最后出现晶核时，则生长迅速，并形成骨架状或树枝状微晶，直至过饱和程度降低形成致密层，将其包围，形成包裹体；（g）晶体隅角和晶棱快速生长，形成凹坑，可以捕获大包裹体；（h）固体碎屑落在生长着的晶面上，固体碎屑或被包裹，或被推向生长前缘，形成包裹体，其中 1 和 1'为在固体质点被生长着的晶面掩埋时形成的包裹体，2 和 2'表示固体质点在被推移的轨迹上所形成的包裹体

2. 晶体内部各部分生长不平衡

晶体生长发育是通过流体介质对生长面源源不断地补给完成的，一种是通过流体的扩散作用补给，另一种是通过流体的质量流动补给，但不可否认的是这两种形式的流体补给在晶体的横切面不同部位都存在一定的浓度差异，即浓度梯度。显而易见，晶体棱角和角顶部分容易得到流体中溶质的补给，而位于晶体中心位置的部分则与流体接触较困难，容易补给不足。Wilkins 和 Barkas（1978）的研究也证实，特定条件下晶体的过饱和度存在差异，晶体晶面中心最小、角顶最大，导致晶体不同部位生长速率存在差异，在晶棱、角顶形成较大的凹坑，有利于捕获成矿溶液或成岩熔融体形成包裹体，见图 1-3（g）。

3. 介质浓度差异导致包裹体形成

各种矿物生长于特定的成岩成矿母液中，这些母液具有一定的压力、温度和浓度，生长中各种物理、化学参数不断变化并相互制约。生长介质的浓度不是一成不变的，例如，温度下降会引起介质浓度的变化，溶液过饱和度增加。通常溶液过饱和度的增加能够加快晶体的生长，容易引起带有凹入角的枝蔓状生长。此外，已有研究显示，溶液中的某些次要组分浓度，也能对晶体生长的完美性产生极大影响。

4. 晶体生长间断

晶体的生长有时可能是分阶段完成的，甚至可能是多个阶段间歇性生长，具有一定周期。主要生长条件的某种暂时中断和变化，也可导致晶体缺陷的产生。例如，由于晶体的间歇再生长，早期生成的矿物晶面容易被溶解、浸蚀进而形成蚀坑，一些较深的凹陷坑在流体再次充填时，形成沿晶面分布的流体包裹体 [图 1-3（d）]。

5. 固相物质及杂质的影响

造成晶体缺陷的原因之一，是固相物质或杂质在正在结晶出的晶体上发生附着 [图 1-3（h）]。固体物质的附着占用了原来的生长空间，阻碍了成矿溶液的补给；成矿流体不得不绕过固体物呈流线式运动，这就造成固体物后方溶液流动不平衡、流速减慢，进而产生缺陷，捕获成矿溶液形成包裹体。

6. 温度、压力条件的影响

成矿过程中，温度、压力等物理化学条件的改变是引起晶体缺陷和空穴产生的重要原因之一。温度、压力的变化将诱发如溶液浓度、溶解度、饱和度及结晶速率等的一系列连锁变化。毫无疑问，这些变化必然造成晶体的不规则生长和缺陷的形成，导致大量包裹体 [图 1-3（f）] 的产生。

综合以上分析，矿物中包裹体产生的主要机制可归纳为四大类：①晶体生长机制的变化；②溶液中某些组分浓度的变化；③晶体生长速率的改变；④固、液或气相微粒与晶面生长作用之间的相互影响。不同的包裹体形成机制导致不同类型的包裹体，其中机制①、②和③往往导致流体包裹体群的形成，因此显示出晶体中的生长带；而机制④常导致孤立状包裹体的产生，有些孤立状包裹体中在显微镜下可见到杂质捕获物。

通常人们认为包裹体是从均匀流体中捕获形成的，包裹体中流体可代表成矿时的地球化学体系。然而，多年来的包裹体研究资料显示，也有相当一部分包裹体并非是从均匀流体体系中形成的。换句话说，包裹体形成时捕获的是非均匀流体相。这种从非均匀流体相中形成包裹体的情况主要有以下几种。

（1）从液体＋气体（L＋G）的体系中捕获流体形成包裹体。液体＋气体的非均匀体系产生的原因有多种，如温度降低引起原来的均匀流体发生不混溶，压力减小或温度升高引起流体沸腾，也有的是由表生作用造成的。研究发现，部分石灰岩溶洞钟乳石中的包裹体就是从非均匀或不混溶体系捕获流体而形成的。钟乳石形成时，环境中既存在液体又存在气体，包裹体就是在这种气液的混合体系中形成的。包裹体形成时，同时把气体和液体捕获包裹进去。

（2）从液体＋固体（L＋S）的体系中捕获流体形成包裹体。通常矿物的生长流体环境中除了流体外还充满了晶体或一些微小固体物质，当这种富含固体的流体被封存在矿物中时，就形成了液体＋固体的非均匀相包裹体，被包裹进去的晶体或固体物质我们通常称之为子矿物，这种包裹体也被称为含有子矿物的包裹体。

（3）从两种不混溶的液体（L_1+L_2）中捕获流体形成包裹体。两种不相混的流体可以完全不混溶，也可以部分不混溶，如油和水、水和 CO_2、熔融体和流体。人们在研究密西西比河谷型铅锌矿床时发现，萤石中含有油和水的流体包裹体，这表明形成铅锌矿的流体在通过密西西比盆地时与油田的油和水混合在一起，然后形成铅锌矿床。这种含油的包裹体对于寻找石油来说是一个很好的指示标志。

此外我们知道，热液是从岩浆中分异出来的，热液从岩浆中分异出来后与熔融体共存。在这个阶段捕获的包裹体就包含两个不相混的相，即流体相和熔融体。卢焕章在研究西藏的花岗岩时曾发现流体相的熔融包裹体，这种类型的包裹体的存在为从岩浆分异出流体提供了直接的证据。

1.3　包裹体流体捕获后的变化

包裹体捕获流体介质之后绝大多数发生了一定的改变，它的形状以及物理和化学性质都与捕获时有明显的差别，最容易被人察觉的是物相的变化。在高温下捕获的均匀相包裹体流体，当自然冷却时必然会发生相变，这种相变可以通过实验室冷热台加温而复原，即这种过程是可逆的，因而可以提供捕获包裹体流体时的温度、压力和成分等有价值的数据。然而，包裹体流体捕获后的物理变化却难以复原，是不可逆的。物理变化在地质领域的包裹体研究上具有重要作用，因为它在很大程度上影响到从物相研究中所获得的压力（p）、温度（T）、流体组成（X），即 pTX 数据的解释，但这对于矿物加工领域意义不大。下面我们将具体阐述包裹体流体捕获后的相变和物理变化。

1.3.1　相变

矿物晶体中封存的少量流体，可发生物相和物性的各种变化，原来封存的单相均匀流体，在室温下可变成多相的包裹体。包裹体中新形成的相我们称之为子相，如果新相是晶质的，则称之为子晶或子矿物。

1. 体壁上的结晶作用

自然界中很多固体物质的溶解度随温度的升高而增加。因此，当高温条件下捕获的包裹体流体发生自然冷却时，必然会发生主矿物的结晶作用。这是因为当包裹体形成时，流体中的主矿物成分是饱和的，否则主矿物就不能从这种流体中形成。通常这种结晶作用是在包裹体流体壁上进行的并且不能在包裹体中形成单独的主矿物晶体。对于液体包裹体，通常在体壁上晶出的主矿物数量很少，因为在中低温条件下，大部分矿物的溶解度很低，尤其是石英，其在溶液中的溶解度是很低的。多数液体包裹体在加温时，在包裹体壁上没有溶解现象；降温时，也没有晶出现象，只有在较高的温度（＞500℃）下，才偶然有溶解现象。因此，在液体包裹体中，一般不存在包裹体壁上的结晶作用，因而也不存在由升温使体壁溶解而引起的体腔体积的增大现象。但对于易溶矿物，如石盐来说，在升温过程中其溶解度剧烈增大，包裹体体壁溶解、体腔体积增大明显。

对硅酸盐熔融包裹体加温时，体壁有一定溶解，这是因为当冷却时，包裹体中的硅酸盐熔融体晶出了相当多的主矿物沉淀在体壁上，构成一层厚厚的衬里。Roedder（1984）在其研究中对这种现象进行了阐述,如图 1-4 所示，它很好地说明了包裹体流体被捕获后，硅酸盐熔融包裹体体壁上衬里形成的痕迹。包裹体流体刚被捕获时包裹体体壁假设在 x 处，一个不混溶的硫化物小球 a、气泡 b 和两个子矿物 c 和 d 在体壁上成核；衬里厚度为 z，子晶 c 是在衬里形成之前结晶的，它受到了体壁上主矿物层结晶作用的影响，而子晶 d 在成核后生长，没有受到主矿物层在体壁上结晶作用的影响，它生长为板状晶体后，主矿物才开始在体壁上沉淀。边界 x 通常是看不见的，因此，如果没有被包围在衬里中的子相，就很难确定这个边界。但由于能够确定衬里存在的包裹体普遍存在，即使有一些硅酸盐熔融包裹体没有衬里存在的证

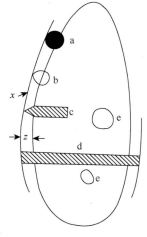

图 1-4　流体捕获后硅酸盐熔融包裹体体壁上主矿物层（衬里）的结晶作用（Roedder，1984）

据，如缺乏子相埋在体壁中的现象，也可以肯定包裹体体壁上有主矿物层的结晶作用。这一点在研究硅酸盐熔融包裹体成分时是很重要的。

此外，在玄武岩橄榄石中的包裹体内，常可看到体壁上有不混溶的硫化物小球或子晶的成核现象，主矿物则围绕它们生长。气泡与硫化物小球不同，气泡虽然也在壁上成核，橄榄石却可在气泡下继续生长，并将它推入残余熔融体中，因此，气泡 e 很少包裹在体壁中。

2. 子矿物

包裹体中原来均匀的流体，在降温过程中，既可以发生主矿物成分的饱和，也可以发生其他成分的饱和。当某种成分达到饱和时，则会析出晶体，这种晶体被称为子晶或子矿物。在实验室对包裹体进行加温时，易溶的子晶会在流体中重新溶解，子晶完全溶解的温度即为溶解温度。最常见到的子晶是立方体石盐（NaCl），其次是钾盐、碳酸盐、氧化物、硅酸盐、硫酸盐和硫化物等矿物。绝大多数含易溶子矿物的流体包裹体只含有各种子相的单晶；如果流体包裹体中子矿物是多晶的，那么这种子矿物在液相中的溶解度通常是很低的。例如，巴西伟晶岩石英中的大包裹体含有几个黄铁矿小立方体，黄铁矿在液相中的溶解度是很低的。

3. 收缩和不混溶

包裹体内的均匀相流体在冷却过程中，其收缩率大大超过主矿物。大多数矿物的热膨胀系数比水的热膨胀系数小 1~3 个数量级，当冷却到室温时，包裹体内挥发分集中，形成气泡。这种气泡的内压依包裹体流体性质而变化，非挥发性流体中气泡的蒸气压较低，无挥发分的硅酸盐熔融体中的气泡，其内压接近真空；富含挥发性物质（如 CO_2、CH_4 等）的包裹体，因挥发分容易集中在气泡中，所以气泡又可能是浓稠的流体。如果气泡的密度大于液体密度，可以看到气泡沉入液体的现象。如果分离出来的富 CO_2 流体的密度足够大，在冷却时可分离为两种流体——液态 CO_2 和气态 CO_2。这种情况通常发生在低于纯 CO_2 的临界温度（31.1℃）的条件下。如果流体密度偏离 CO_2 的临界密度或有其他气体（如 N_2、CH_4）存在，都可使 CO_2 临界温度降低。

在冷却过程中，如果硅酸盐熔融包裹体中的熔融体是饱和了铁的硫化物熔融体，就可形成硫化物小球，则在包裹体中除气体不混溶外，又发生了硫化物熔融体的不混溶，这种不混溶硫化物熔融体从硅酸盐熔融体中富集了镍和铜。这一发现提供了岩浆硫化物矿床形成的线索。含挥发分的硅酸盐熔融包裹体在降温过程中，可因不混溶作用形成几种流体相，如硅酸盐熔融体（玻璃）、盐水溶液、液态 CO_2 或其他气体。它们在包裹体内是按最小表面能的顺序排列的，从边缘到中心的排列顺序是：玻璃—盐水溶液—液态 CO_2—气体。这可以作为鉴定它们的辅助标志。

4. 亚稳定性

在一组成因相同大小悬殊的包裹体中，其物相可能不同，细小的包裹体物相简单；个体较大的包裹体，物相常较复杂。这种物相和相比的不同并不是由它们捕获的是非均匀相介质造成的，而是因为在微小的包裹体的流体中，不易形成稳定的晶核，以致微小的单项包裹体在负压下经过漫长时间也没有形成稳定的气泡。因为这种小包裹体的内含物很少，成核机会也少，所以常为亚稳态体系；而在大包裹体中，内含物较多，成核机会也多，故常为稳定态体系，这种亚稳态引起的物相差别与包裹体形成时是否捕获非均匀相无关。

1.3.2　物理变化

包裹体流体捕获后会发生一系列的物理变化，主要包括体积、形状、位置的变化及流体的渗入和漏失。包裹体形成后，因其具有表面积趋向最小的性质，不规则的包裹体逐渐转变为规则的包裹体，扁平状、长板状包裹体变成椭圆形或圆形包裹体。在热梯度和应力梯度的影响下，包裹体一侧的物质溶解、另一侧物质沉淀，因而包裹体发生移动。

1. 体积及形态变化

包裹体形成后的体积变化可以分为两种：一种是可逆性变化，即在外界条件作用下包裹体体积发生一定改变，但这种体积变化具有可逆性，当外界作用消失后其体积可以复原，其体积可以视为恒定；另一种是不可逆的体积变化，包裹体体积因某种原因发生不可逆转的改变，就不再恢复其原有的体积。地质学中认为，包裹体体积的可逆性变化对均一法测温没有影响，但不可逆的体积变化就会导致无法测定包裹体真正的（原来的）均一温度。包裹体体积能保持恒定的主要原因如下。

（1）包裹体流体捕获后，其中的溶液由于冷却而在体壁或流体中产生的结晶可因升温溶解而抵消。

（2）在冷却过程中，主矿物和子矿物因热收缩而引起的体积变化，可被因升温时的热膨胀的可逆性变化抵消。苏联学者 Ermakov 曾认为子矿物和在包裹体体壁上的结晶作用，会引起包裹体体腔的缩小，因而所测定的均一温度会有很大的偏差，但这种偏差的大小是由包裹体流体中的溶质性质决定的。例如，SiO_2 的溶解度在较低温度的溶液中较低，因而在石英的气液包裹体中，因降温所形成的衬里很薄，包裹体体积几乎没有变化，因此它对均一法测温的影响可以忽略不计。对于硅酸盐熔融包裹体则情况大不相同，当温度下降时，熔融体中形成子矿物导致包裹体的体积大大减小；升温过程中，衬里和子矿物全部溶解，包裹体又恢复到原来的体积，那么这种体积的变化不会影响均一法测温的结果。在大多数情况下，对于盐类矿物如 NaCl、KCl，可因降温而晶出，也可因升温而溶解。但对于硅酸盐矿物来说，它的溶解十分缓慢，特别是结晶在体壁上的衬里，因与主矿物没有明显的界限，衬里的溶解是否完全尚缺乏判断标准，但只要有足够的恒温时间就可以达到平衡，所以在测定时一定要掌握升温速度和恒温时间。

综上所述，对于体积具有可逆性变化的包裹体，其体积的变化是可以复原的，衬里的问题，通过实验条件的控制可以得到解决。然而需要说明的是，以下几种作用可以使包裹体体积发生永久性的变化。

（1）在矿物的重结晶作用下，包裹体的"卡脖子"现象，可使原来一个包裹体分为几个包裹体，因而改变了包裹体的体积。

（2）在变质作用中，包裹体可以合并和再分离。有学者曾发现在硬石膏中均匀分布的气液包裹体在 500℃时联合成半圆状包裹体，在 700℃时它们又分开形成几个椭圆形包裹体。Swanenberg（1980）在挪威西南部中高级变质岩中也发现了类似现象，小包裹体消失，联合起来形成较大的包裹体。

（3）当包裹体所处环境温度升高时，包裹体可因内、外压差而裂开，从而增大了包裹体的体积，释放了部分压力，这导致包裹体中的流体组分流出，进入周围的晶体裂隙。有时这种裂隙经愈合，形成许多卫星状的次生小包裹体，与原来的包裹体相比，后来的密度变低了。

（4）可塑性矿物中的包裹体，可因内压或外压变化，其体积发生永久性的变化。例如，石盐包裹体遇到急剧升温时，当温度超过包裹体的均一温度，即发生爆裂；但如果缓慢升温，即使超过包裹体的均一温度，内压剧烈升高也不会发生包裹体的破裂，这是因为石盐具有可塑性，即当内压因升温而增加时，会因简单的膨胀而使包裹体体积变大。除了石盐外，许多其他矿物在高温高压的变质作用中，都具有可塑性，特别是石英。由此可见，由可塑性引发的包裹体体积的变化可能普遍存在。当内压超过外压时，将引起包裹体体积的涨大；当内压小于外压时，会因包裹体的压瘪，体积缩小。

2. 流体的渗入和漏失

一般而言，矿物包裹体中的绝大多数物质处于与外界隔绝的封闭状态，与外界不存在物质交换，换句话说晶体对绝大多数组分来说是不可穿透的。研究表明，只有氢例外，它可以比较容易地穿过很多矿物。Anderson 和 Sans 研究加利福尼亚州的 Shasta 山的橄榄石和辉石中含水的硅酸盐熔融包裹体时发现，当把这种样品放在真空中加热时，包裹体体壁上形成了一个褐色的晕圈，包裹体中的水分在 18 h 内消失。这一事实表明：在较高温度下水分解为氢和氧，氢因扩散而逸失，橄榄石和辉石主晶中的二价铁离子和氧反应，转变为三价铁离子，发生了自氧化反应。

实际上，矿物包裹体中的物质的加入和逸出多发生在变质作用中，以某种机制产生的微裂隙为通道，引起包裹体内含物的变化。包裹体的自然爆裂，就是内含物漏失的一种形式。当包裹体的内压大于外压而达到一定程度时，包裹体体壁就会开裂，这种开裂可由岩浆喷发过程中外压突然降低引起，也可因地质体的外加热而发生。在喷发过程中，当包裹体较大时，可使包裹体爆裂，并将其中的挥发分释放到岩浆中去，形成空包裹体；当包裹体较小时，减压只能导致包裹体体壁的局部开裂，开裂后的真空膨胀使其内压显著降低，这就阻止了裂隙的进一步扩展。包裹体的组分流入裂隙，经再结晶作用，形成次生包裹体。发生这样的过程之后，新旧包裹体所具有的密度和压力，都比原始包裹体的低，因为原始包裹体内含物有一部分进入裂隙中。对于外来物质加入包裹体中的情况，在实际中有许多例子，例如，斜长石中呈带状分布的熔融包裹体，在微裂隙切穿包裹体的地方，硅酸盐熔融体变成了黏土，如江西阳储岭花岗闪长斑岩的斜长石就具有这种现象。在流体包裹体中，当内压低于外压时，外界物质也可以通过产生的微裂隙流入，引起原包裹体组分的改变。

地质学中，人们通过对包裹体的研究来获取成岩成矿过程中的化学环境和物理化学条件信息，对包裹体样品的代表性有严格要求。这是因为矿物中的包裹体具有多样性和复杂性，它们记录了矿物生长和演化时的各种条件，但成因意义不同，并不是所有包裹体都能提供有效信息。为了从复杂多样的包裹体中，挑选符合条件的包裹体研究样品，地质学领域对包裹体的研究作了三个基本假设，它们分别为：均一体系、封闭体系、等容体系。然而，对于矿物加工学科而言，人们更为关心的是矿物中包裹体流体的化学组成、含量及包裹体破裂后组分释放后的表面吸附、溶液化学反应等。

1.4　流体包裹体存在的必然性和普遍性

基于流体包裹体的形成机制和定义，我们可以得出结论，自然界中矿物晶体中流体包裹体的存在具有必然性和普遍性，这是因为自然界中并不存在完美晶体，只要存在晶体缺陷，那么就必然存在流体包裹体。矿物中流体包裹体的大小、数量等与当时的成矿条件、后续地质演变等因素密切相关。已有资料表明，无论矿物的颗粒大小、种类如何，透明或不透明，天然的还是人工合成的，它们当中都有流体包裹体存在。天然矿物中存在大量的流体包裹体，据估计每立方厘米矿物中数量可达 $10^6 \sim 10^9$ 个，在矿物内的丰度（体积分数）达到 0.1%～1%。近代科学研究还证实，不但在地球上所有矿物中存在包裹体，而且在其他星球的各种矿物中同样存在包裹体。大的包裹体肉眼就能辨别，尺寸可达几毫米，但大多数包裹体只能借助适当的光学显微镜才能清楚地观察到。显微镜下能看到的包裹体，尺寸一般介于几微米到几十微米，小于 1 μm 的包裹体在矿物中也是经常存在的。

流体包裹体是目前地球科学领域最活跃的研究方向之一，其研究成果广泛应用于矿床学、构造地质学、石油勘探、地球内部流体迁移及岩浆岩系统的演化、古生物、古气候环境等方面。对于矿物加工学科而言，迄今对包裹体的研究才刚刚起步。

参 考 文 献

卢焕章，范宏瑞，倪培. 2004. 流体包裹体[M]. 北京：科学出版社.

潘兆橹. 1985. 结晶学与矿物学：上册[M]. 北京：地质出版社.

苏杰. 2014. 香格里拉县巴迪铜矿床流体地球化学特征研究[D]. 昆明：昆明理工大学.

肖荣阁，张宗恒，陈卉泉，等. 2001. 地质流体自然类型与成矿流体类型[J]. 地学前缘，8（4）：245-251.

张文淮，陈紫英. 1993. 流体包裹体地质学[M]. 武汉：中国地质大学出版社.

中国科学院地球化学研究所. 1998. 高等地球化学[M]. 北京：科学出版社.

Carpenter A B. 1978. Origin and chemical evolution of brines in sedimentary basins[J]. Oklahoma Geological Survey Circular，79：60-77.

Roedder E. 1962. Studies of fluid inclusions. Ⅰ. Low temperature application of a dual-purpose freezing and heating stage[J]. Economic Geology，57（7）：1045-1061.

Roedder E. 1963. Studies of fluid inclusions. Ⅱ. Freezing data and their interpretation[J]. Economic Geology，58（2）：167-211.

Roedder E. 1984. Fluid inclusions[J]. Reviews in Mineralogy，12：473-484.

Roedder E. 1992. Fluid inclusion evidence for immiscibility in magmatic differentiation[J]. Geochimica et Cosmochimica Acta，56（1）：5-20.

Roedder E，Belkin H E. 1979. Application of studies of fluid inclusions in Permian Salado salt，New Mexico，to problems of siting the waste isolation pilot plant[M]//McCarthy G J，Schwoebel R L，Potterll R W. Scientific Basis for Nuclear Waste Management. Boston：Springer：313-321.

Swanenberg H E C. 1980. Fluid inclusions in high-grade metamorphic rocks from SW Norway[J]. Geologica Ultraiectina，25：147.

Wilkins R W T，Barkas J P. 1978. Fluid inclusions，deformation and recrystallization in granite tectonites[J]. Contributions to Mineralogy and Petrology，65（3）：293-299.

第2章 流体包裹体分类

包裹体的分类是地质学领域一个重要的研究内容，虽然包裹体的化学组成才是矿物加工领域研究者们最为关心的内容，但包裹体的分类作为人们认识和研究包裹体的基础，在此有必要进行简要阐述。包裹体的分类有多种方法，按照成因分为原生包裹体、次生包裹体、假次生包裹体和变生包裹体四种类型；按包裹体的物理相态又可分为室温下为热水溶液和硅酸盐熔融体的两大类包裹体。

此外，根据包裹体形成时捕获的流体性质来看，还可以分为从均匀流体中捕获形成的包裹体和从非均匀流体中捕获形成的包裹体。正如前面所述，日常中所见到的包裹体大部分是均匀流体的正常包裹体，只有极少部分是非均匀流体的异常包裹体。两者成因及室温下的状态分类如表 2-1 所示。

表 2-1 包裹体分类（张文淮和陈紫英，1993）

		相数	从均匀或非均匀流体中形成的包裹体类型	简介
物理相态分类	热水溶液包裹体	1	纯液相包裹体	室温下全为液相
		1	纯气相包裹体	室温下全为气相
		2	富液相包裹体	液相占总体积 50%以上
		2	富气相包裹体	气相占总体积 50%以上
		≥3	含子矿物包裹体	除原相、气相外含子矿物
		≥3	含液体 CO_2 相包裹体	低于 CO_2 临界温度时，可见液相 CO_2、气相 CO_2 和水溶液
		≥3	油气包裹体	除液相、气相外，还含有机液、固态或气态沥青质
	硅酸盐熔融包裹体	1 或≥2	非晶质熔融包裹体（或称玻璃包裹体）	可以是单相玻璃，或者由玻璃质和气泡组成
		≥2	结晶质熔融包裹体	结晶质 + 气泡，有时有子矿物
		≥3	流体-熔融体包裹体	结晶质 + 气泡 + 溶液，有时有子矿物
成因分类			原生包裹体	与主矿物同时形成
			次生包裹体	在主矿物之后形成，分布在主矿物裂缝之中，切穿主矿物颗粒
			假次生包裹体	在主矿物之后形成，分布在主矿物裂缝之中
			变生包裹体	变质作用形成

2.1　包裹体成因分类

地质学上流体包裹体的成因类型对解释由包裹体获得的压力、温度、体积、组分资料等信息至关重要。通过分析包裹体与其主矿物的区别并加以对比，可以将包裹体分为原生、次生、假次生、变生包裹体几个类别。接下来将进行详细介绍。

2.1.1　原生包裹体

在自然界中原生包裹体指的是在主矿物形成的过程中由主矿物结晶或重结晶形成的包裹体，并且不论它们形成时捕获的是均匀流体还是非均匀流体（图 2-1）。原生包裹体是与主矿物在同一时期形成的，也就是说原生包裹体的成分就是主矿物在当时的成分，原生包裹体在主矿物中是随机生成的，因此在主矿物中也是随机分布的，由于原生包裹体是在主矿物成矿前生成的，能代表主矿物成矿前的矿物组成。图 2-1 和图 2-2 所示分别为沿石英晶体生长面（见图 2-1 的 a 处）和生长带分布的原生包裹体。从晶体内部到外部，不同部位的原生包裹体可能有不同的均一温度和形成温度。

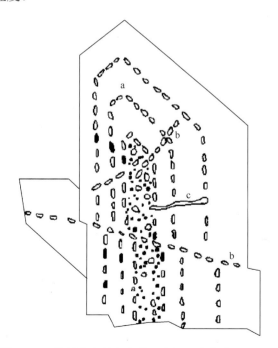

图 2-1　石英晶体中的包裹体示意图（卢焕章，1990）

a. 原生包裹体；b. 次生包裹体；c. 假次生包裹体

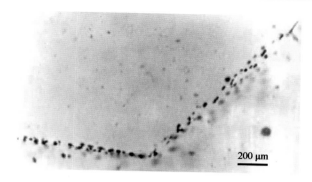

图 2-2　沿晶体生长带分布的原生包裹体（卢焕章等，2004）

2.1.2　次生包裹体

次生包裹体是指在矿物已经形成后的某个时间，热液沿着矿物的某个解离面或者裂缝进入主矿物中，对矿物进行溶解然后使其重结晶，在此过程中形成的包裹体（图 2-1b）。其主要是沿着矿物的裂缝呈颗粒状分布，并不能代表主矿物的成矿流体，只能代表某特定时间进入主矿物的流体。

2.1.3　假次生包裹体

假次生包裹体指的是主矿物在结晶过程中产生了裂缝，成矿流体通过裂缝填充进去，而后裂缝愈合使得成矿流体封存在主矿物中形成包裹体（图 2-1c）。其主要是沿着裂缝分布，其特征与次生包裹体相似。通过分析可以发现，假次生包裹体与主矿物在同一阶段生成，因此可以代表主矿物成分。

2.1.4　变生包裹体

变生包裹体是指主矿物在变质作用过程中形成的新的包裹体，其本性符合包裹体的特征。由于在变质作用过程中，其持续时间较长，存在的条件及环境会不断变化，所以对其进行深入的研究有助于了解变质作用的主要过程。

2.2　包裹体物理相态分类

包裹体根据其内部物质的相态不同可以分为岩浆包裹体（硅酸盐熔融包裹体）和流体包裹体（热水溶液包裹体）。岩浆包裹体是指非晶质熔融包裹体、结晶质熔融包裹体等硅酸盐熔融包裹体，其主要成分为硅酸盐熔融体。考虑到其化学组分对矿物浮选的影响较小，这里我们重点介绍流体包裹体。

2.2.1 流体包裹体

1. 纯液相包裹体

只有液相存在的包裹体称为纯液相包裹体，由于在其形成过程中温度较低，要观察该包裹体，需要先对流体包裹体进行降温，在低温条件下进行观察。

2. 纯气相包裹体

纯气相包裹体是指内部为单相气体的包裹体。当内部气体为凝聚性气体时，若冷却，包裹体边缘会有液相存在，对于非凝聚性气体则不能出现液相小圈，此类包裹体一般是在温度较高的条件下形成的，如火山喷气、沸腾等条件下。

3. 富液相包裹体

富液相包裹体主要是由液相和一个小气泡组成的两相包裹体，是最为常见也是分布最广的包裹体，一般用填充度来表征其液相所占的体积分数

$$填充度 = V_L/V_总 \times 100\%$$

式中，$V_总 = V_L + V_G$，V_L 为包裹体中液相所占体积，V_G 为包裹体中气相所占体积，$V_总$ 为包裹体的总体积。地质学中，通常把填充度大于 60% 的称为液相包裹体，填充度小于 50% 的称为气相包裹体，不过这只是一个统计概念，并没有严格的意义。严格来说，富液相包裹体是指在室温条件下填充度较大（因而流体密度较大），在加热时均一到液相的包裹体。对于纯水包裹体来说，其密度（或填充度）应大于 H_2O 的临界密度（0.319 g/cm³）。类似地，对于纯 CO_2 包裹体来说，其密度应大于 CO_2 的临界密度（0.46 g/cm³）。

4. 富气相包裹体

富气相包裹体指的是其内部主要由气体及少量的液体填充，在加热时均一到气相的包裹体，常见于岩浆热液矿床、斑岩型矿床。

5. 含子矿物包裹体

含子矿物包裹体是指由气相、液相和子矿物组成的包裹体。其中子矿物的种类以钾盐最为常见，此外还有萤石、赤铁矿、方解石等。

6. 含液体 CO_2 包裹体

该类包裹体主要是由盐水溶液与 CO_2 组成，在加热过程中气相 CO_2 和液相 CO_2 偶尔在 31.1℃ 下发生临界均一，一般是单一的 CO_2 相。

7. 油气包裹体

该类包裹体不仅包含气液多相，还包含碳氢化合物。图 2-3 所示为矿物中常见的四种包裹体类型，即气液两相水溶液包裹体、H_2O-CO_2 包裹体、含子矿物包裹体和油气包裹体。

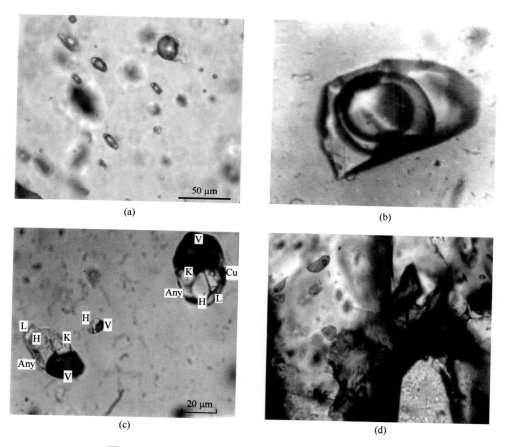

图 2-3　矿物中常见的 4 种包裹体（卢焕章等，2004）

（a）气液两相水溶液包裹体；（b）H_2O-CO_2 包裹体；（c）含子矿物包裹体；（d）油气包裹体

V. 气相；L. 液相；H. 石盐；K. 钾盐；Any. 硬石膏；Cu. 铜硫化物

2.2.2　岩浆包裹体

岩浆包裹体指的是矿物生长时捕获岩浆熔融体从而生成的包裹体，相比流体包裹体，岩浆包裹体的研究还不够详细，目前可以将其分为三个亚类。

1. 结晶质熔融包裹体

结晶质熔融包裹体常见于侵入岩中，它是被捕获的硅酸盐熔融体在缓慢地冷却过程中结晶形成的，由被包裹在矿物中硅酸盐熔融体结晶出的矿物与一个气泡所组成。

2. 非晶质熔融包裹体

非晶质熔融包裹体是由未结晶的玻璃和气泡所组成，是由岩浆在高温下迅速冷却而形成的。这类包裹体中还常见一种只含玻璃质的包裹体，但其总含量不能超过整个体积的一半。

3. 流体-熔融体包裹体

流体-熔融体包裹体是硅酸盐熔融体结晶矿物与气相之间存在的一个流体相，该流体相主要是由岩浆分离出来的。例如，在基性和超基性的橄榄石晶体中可以见到硅酸盐熔融体和硫化物球珠共存的包裹体。

下面我们对岩浆包裹体进行举例介绍。苏犁等（2005）在秦岭造山带松树沟的造岩矿物橄榄石、斜方辉石、尖晶石中首次发现捕获有原生岩浆的包裹体[图 2-4]，这些包裹体多呈孤立状，也有随结晶收缩产生的细小包裹体环绕大包裹体分布［图 2-4（a）］，单个包裹体多呈不规则状，其长径通常小于 10 mm，偶见达 25 mm。包裹体内部相成分复杂，常包含多个子矿物相，主要为硅酸盐和不透明金属矿物相，通过激光拉曼探针在个别包裹体内还分析出含 H_2O 和 CO_2 等。

赵斌和李兆麟（2002）在大冶—九江沿长江分布的 Fe、Cu（Au）和 Au（Cu）矿床的夕卡岩矿物中发现，除含气液包裹体外，还含大量熔融包裹体和流体-熔融体包裹体。熔融包裹体形态多样，它们主要由不同相比例的结晶质硅酸盐（CSi）、

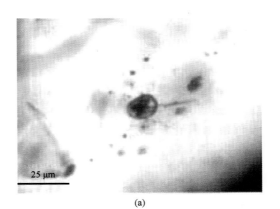

25 µm

(a)

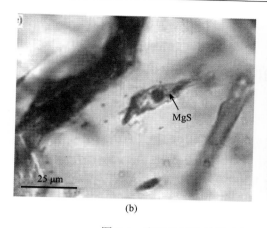 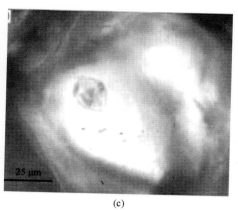

(b)

(c)

图 2-4 秦岭松树沟纯橄岩体显微镜照片（苏犁等，2005）

（a）方辉橄榄岩中卵圆形岩浆包裹体，并被细小包裹体环绕；（b）糜棱纯橄岩粗粒橄榄石残晶中多相岩浆包裹体；
（c）条带状铬铁纯橄岩中负晶状岩浆包裹体

铁质（Fe）非晶质硅酸盐（ASi）及气体（V）多相组成，其中有的含有几个结晶硅酸盐相，所研究的熔融包裹体大小一般为（10～46）μm×（6～15）μm。流体-熔融体包裹体与熔融包裹体的区别是在前者中出现液体（L）相，均一温度较低。

参 考 文 献

卢焕章. 流体熔融包裹体[J]. 地球化学，1990，3：225-229.

卢焕章，范宏瑞，倪培，等. 2004. 流体包裹体[M]. 北京：科学出版社.

苏犁，宋述光，周鼎武. 2005. 秦岭造山带松树沟纯橄岩体成因：地球化学和岩浆包裹体的制约[J]. 中国科学：D
   辑，35（1）：38-47.

杨轩柱，彭礼贵，董显扬，等. 1991. 金川含铜镍超基性岩体的岩浆包裹体特征及其地质意义[J]. 地质论评，37（1）：
   70-79.

张文淮，陈紫英. 1993. 流体包裹体地质学[M]. 武汉：中国地质大学出版社.

赵斌，李兆麟. 2002. 大冶—九江地区 Fe，Cu（Au）和 Au（Cu）矿床夕卡岩矿物里的熔融包裹体特征[J]. 中国科
   学：D 辑，32（7）：550-561.

Bodnar R J. 2003. Introduction to fluid inclusions[M]//Samson I，Anderson A，Marshall D. Fluid Inclusions：Analysis and
   Interpretation. Ottawa：Mineralogical Association of Canada，32：1-8.

Goldstein R H. 2003. Petrographic analysis of fluid inclusions[M]//Samson I，Anderson A，Marshall D. Fluid Inclusions：
   Analysis and Interpretation. Ottawa：Mineralogical Association of Canada，32：9-53.

Roedder E. 1992. Fluid inclusion evidence for immiscibility in magmatic differentiation[J]. Geochimica et Cosmochimica
   Acta，56（1）：5-20.

Shepherd T J，Rankin A H，Alderton D H M. 1985. A Practical Guide to Fluid Inclusion Studies[M]. Glasgow：Blackie &
   Son Ltd.：239.

Sobolev A V. 1996. Melt inclusions in minerals as a source of principle petrological information[J]. Petrology，4（3）：209-220.

第 3 章　流体包裹体的检测与组分研究方法

矿物中流体包裹体的检测与化学组分研究是包裹体研究的两个重要内容，本章将对现有的包裹体检测与化学组分分析方法进行重点阐述。首先需要对矿物内部流体包裹体进行检测与成像，进而对其形貌学进行研究，包括流体包裹体的大小、形态、相态、分布、丰度等；其次要对包裹体内部物质组成进行分析研究。包裹体形貌检测方法有普通光学显微镜分析、红外-紫外光学成像分析、扫描电镜分析、高分辨 X 射线断层成像等。包裹体的检测与形貌学研究对于透明和半透明矿物采用普通光学显微镜就能实现，而对于在可见光下的不透明矿物，如硫化物的研究比较困难。Campbell 等在 1984 年以近红外光作光源，实现了对不透明矿物内部结构和流体包裹体的红外光学成像研究。随后出现了对一系列不透明—半透明矿物流体包裹体的测定，包括黑钨矿、硫砷铜矿、辉锑矿、赤铁矿和黑锰矿等，其中研究较多的是黄铁矿，这为不透明矿物包裹体的研究提供了参考。

包裹体组分研究又可以分为矿物中群体包裹体的组分研究和单个包裹体组分研究两大类。矿物中群体包裹体的组分研究一般包括单矿物挑选、清洗、包裹体的打开及包裹体组分液的提取与分析几个步骤，其中包裹体的打开方法又可分为机械压碎法、研磨法和热爆法三种方法。地质学领域多采用热爆法，对于矿物加工学科而言，多采用机械压碎法和研磨法，二者更为接近磨矿过程，更具代表性和统计意义。对于群体包裹体释放的液相组分液的分析可采用离子色谱法、原子吸收光谱法、电感耦合等离子体原子发射光谱法（ICP-AES）、电感耦合等离子体质谱法（ICP-MS）等测定其中的常量和微量元素；而流体包裹体真空热爆后提取的气相组分可以由四极质谱仪（QMS）、气相色谱（GC）或色谱-质谱联用（GC-MS）等测定。对于单个包裹体的组分研究，又可分为破坏性分析和非破坏性分析两种。激光剥蚀电感耦合等离子体质谱法（LA-ICP-MS）是目前应用最为广泛的单个流体包裹体液相组分分析方法，其次还有扫描电镜-能谱分析（SEM-EDS）、飞行时间二次离子质谱仪等。包裹体内部组分的非破坏性分析方法主要有显微激光拉曼光谱法（LRM）、傅里叶变换红外光谱法（FTIR）、同步辐射 X 射线荧光光谱法（SXRF）等。

3.1　流体包裹体的普通光学显微镜研究

流体包裹体研究的第一步是将矿物磨制成薄片或抛光片，在透射光显微镜下进行形貌学研究。目前，透射光显微镜下的研究仍是研究流体包裹体最有效的方法之一。对于透明和半透明矿物，如石英、闪锌矿等，可采用光学显微镜如偏光显微镜对矿物中流体包裹体的形态进行研究。偏光显微镜的特点是可以将普通光改变为偏振光，以此来鉴别某一物质是单折射性还是双折射性，凡是具有双折射性质的物质，在偏光显微镜下都有清晰的成像，这是因为双折射性是晶体的基本特征。因此，偏光显微镜被广泛地应用在矿物、高分子、纤维、玻璃、半导体、化学等研究领域。

3.1.1　包裹体片的制备

显微镜下包裹体研究的样品有颗粒载片、薄片和两面抛光片三种，其中抛光片用得最多。表 3-1 对比了三种样品的主要优点和缺点。

表 3-1　光学研究中薄片、两面抛光片和颗粒载片的优点和缺点对比（张文淮和陈紫英，1993）

类型	优点	缺点
薄片	获取和制备容易；存放方便；能对主岩进行岩矿鉴定	不能用于热台研究，因为用来黏结的树脂在加热时容易分解和变黑，在冷却时容易破裂，大的包裹体易破裂；有时磨料或小矿物碎片嵌入树脂中与包裹体相混；黏结样品时，低温包裹体在温度较高（＞100℃）时容易析出
颗粒载片或解理薄片	不需要特殊的装备；可以在野外进行操作；观测样品快速；选出来的包裹体能用于压碎台研究	不宜长期存放；在冷台和热台上使用受限制；需要特殊的浸油；个别颗粒中包裹体与包裹体之间的关系不能分辨
两面抛光片	能直接用于热台研究，能长期保持；较大的包裹体被保存	利用光学性质鉴定矿物较困难，因为其厚度比薄片大；深色或乳白色样品需要制成很薄的薄片（厚度＜100 μm），这类薄片制备和操作都困难

包裹体片的选择和制作非常重要，直接影响包裹体的岩相学研究效果，如包裹体的形态、大小、丰度、分布等。下面我们重点介绍制作抛光片的一些要求和具体工艺。

1. 两面抛光片制作的一般要求

（1）薄片制作应该选出具有代表性的样品，为防止非目的矿物的影响，必须单独分离出要研究的那部分用于磨片。

（2）尽量按矿物晶轴方向切片，如果对切片的方向有要求，按要求的指定方向切片。

（3）抛光度要求较高，包裹体薄片的两面都需要进行抛光，包裹体所成像的清晰度与薄片的抛光度成正比。

（4）均匀性和厚度大小符合要求，薄片要求厚度均匀，一般为 0.05～0.2 mm。闪锌矿、乳白色石英、石榴石等透明度差的矿物要求薄片厚度要小，而水晶、方解石、绿柱石和石英等透明度好的矿物则要求厚度稍低。

（5）抛光片的大小根据研究要求确定，通常情况下切片的大小为 44 mm×20 mm。在矿物中，包裹体的分布是不均匀的，大的包裹体仅在特定的矿物中含有，因此，在大面积的包裹体片中对包裹体丰度的统计是必要的。

（6）包裹体片制作过程中的粘片和卸片涉及加温，为保护矿物中的包裹体不致炸裂，其温度一般控制在 80℃以下。

2．两面抛光片磨制工序

（1）定位。根据制片的要求，在矿物中选取合适的位置切取。

（2）切片。用刀片按合适的方向和位置切取厚度为 3～4 mm 的矿物样品。

（3）粗磨。对切出的薄片用 180～220 号金刚砂纸进行初步打磨。

（4）细磨。在对薄片进行初步打磨后，再用较细的 M10 号砂纸进行细磨。

（5）抛光。氧化铬或重铬酸铵作为抛光的介质，最好在抛光机上进行操作，如用手工方式抛光，应在玻璃片上操作，最后的抛光程序在绒布或呢布上进行。

（6）粘片。用冷杉胶或松香将磨好的抛光薄片抛光面粘在制片玻璃上。

（7）磨制。对于暴露于外面的一面，可按上述磨片和抛光程序进行，但在磨制时，薄片厚度要相对厚一些。

（8）卸片。首先在 80℃下将薄片从制片玻璃上取下，取下后用有机试剂将黏结剂洗掉，然后烘干。因为后期涉及薄片的加热，如果薄片上黏结剂太多，会因烧焦影响观察和损坏仪器，故薄片表面一定要保证清洗干净。

3.1.2　流体包裹体的识别

在包裹体识别中，很容易将矿物薄片中的流体包裹体与一些杂质，如样品上的斑点、水珠和抛光坑等混淆。这样的问题通常发生在单一液相或单一气相型包裹体的显微镜下研究中。而含有气相和液相两相的包裹体，其中存在的气泡会发生浮动，这个现象能够用来区分杂质与包裹体。表 3-2 总结归纳出了包裹体与杂质的主要区别。

表 3-2　包裹体与杂质的主要区别（卢焕章等，2004）

项目	包裹体	杂质
形态	规则包裹体的外形与矿物的外形相同或相似（或称负晶形）	杂质的存在形态大部分情况下为固体，形状与主矿物差别较大，呈现自身的晶体形态
相态	大多为两相	大多只有固相一种相态

续表

项目	包裹体	杂质
与主矿物壁之间的关系	包裹体中的固体如子矿物、玻璃质与主矿物之间会有明显的气相或液相界限	杂质通常与主矿物紧密共生
形成时间	盐类等子矿物大部分比主矿物结晶晚，部分子矿物也可与主矿物为同一矿物	杂质多和主矿物为同一体系晶系，早于主矿物结晶

在矿物中寻找包裹体时要注意以下几个方面的问题。

（1）结晶度和透明度好的，且未风化的晶粒对包裹体的观察有利，特别是浅色和无色最适合观察。

（2）选择主矿物：虽然根据包裹体的定义可知，只要是从流体中结晶出来的主矿物都会含有包裹体，但许多不透明金属矿物中的包裹体很难观察。因此，除非对主矿物有特别的要求，通常选择一些透明矿物如石英、黄玉、萤石、石膏、方解石、辉石等，尤其以石英中包裹体发育最好；而半透明金属矿物如闪锌矿辰砂等可容易找到包裹体。

（3）观察时，要按从低到高的顺序来调整显微镜的倍镜，低倍镜观察时，一般会观察到矿物中有些小黑点有规律地排列或呈条带状分布，在此基础上再改为用更高倍数倍镜来观察视域中的小黑点。图 3-1 为包裹体的定位和鉴定。

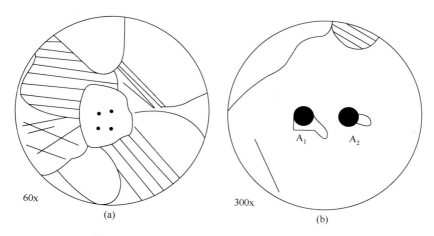

图 3-1　包裹体的定位和鉴定（卢焕章，1990）

（a）用蓝墨水点标出所鉴定的包裹体位置；（b）在高倍显微镜下观察包裹体的细节，画出包裹体的素描图并编号

（4）用定位和编号的方式对那些要深入研究的包裹体进行标记，为提高测试效率，包裹体周围的解理、裂隙和杂质等特征也要特别标记（图 3-2）。

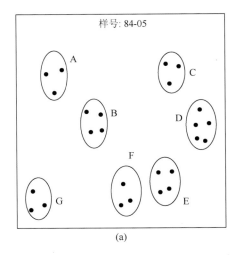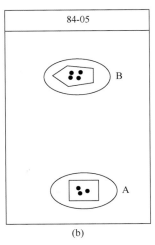

图 3-2　包裹体的定位（卢焕章等，1990）

（a）在薄片中选 3～5 个视域进行观察，并编号；（b）把已鉴定和编好号的薄片切割成小块（割下的薄片大小，以能放入冷、热台的透光窗区和易拿取为准），放入凹薄片中，编号，盖上平玻璃片，用牛角筋固定

3.1.3　流体包裹体偏光显微镜下的形貌特征

流体包裹体的形状、大小、颜色、丰度、分布等是偏光显微镜下研究的主要内容，下面将分别进行介绍。

1. 形状

常见包裹体的形状有规则和不规则之分。外形与主矿物晶形相似或相同的负晶形包裹体、每个包裹体晶形相似或相同的群体包裹体、与主矿物部分相似的包裹体为规则形状的包裹体。各个包裹体的形状各不相同的群体包裹体、晶形与主矿物完全不同的包裹体为不规则形状的包裹体。

2. 大小

包裹体的大小可用显微镜中的测微尺测得的长径表示。显微镜下大多数包裹体的长径尺寸为 2～20 μm，少数可达上百微米，1 cm 以上的极其少见。2×10^{-5} mm 是电子显微镜所能观察到包裹体大小的极限。10～100 μm 是包裹体观察研究的最佳范围。在包裹体研究中，除了包裹体的大小，包裹体的体积也是关注的重点。对于几何形态规则的包裹体，在显微镜下可以测得包裹体的长和宽，其体腔深度可用估计方法获得，则规则的包裹体的长、宽、高都已知，然后利用体积计算公式可得出包裹体的体积。然而，对几何形态不规则的包裹体，就难以采用上述方法进行估算。1983 年，Bodnar 对不规则流体包裹体的体积测算做了描述，其原理如下。

假定包裹体体积和质量不变，则其总体积（V_1）等于其总质量（M_1）除以总密度（D_1），其公式为

$$V_1 = \frac{M_1}{D_1} \tag{3-1}$$

在任一温度（T）下，包裹体的总质量（M_1）等于包裹体中所有各相（$i \cdots n$）质量之和

$$M_1 = M_i^T + M_j^T + \cdots + M_n^T \tag{3-2}$$

包裹体中任一相的质量等于该相的体积乘以同一温度下该相的密度：

$$M_i^T = V_i^T d_i^T \tag{3-3}$$

而给定温度下，包裹体中任一相的体积（如 V_i^T），又可以表示成包裹体总体积（V_1）减去其他各相体积之和

$$V_i^T = V_1 - (V_j^T + \cdots + V_n^T) \tag{3-4}$$

将式（3-2）代入式（3-1）得

$$V_1 = \frac{M_i^T + M_j^T + \cdots + M_n^T}{D_1} \tag{3-5}$$

将式（3-3）代入式（3-5）得

$$V_1 = \frac{V_i^T d_i^T + V_j^T d_j^T + \cdots + V_n^T d_n^T}{D_1} \tag{3-6}$$

将式（3-4）代入式（3-6）得

$$V_1 = \frac{d_i^T [V_1 - (V_j^T + \cdots + V_n^T)] + V_j^T d_j^T + \cdots + V_n^T d_n^T}{D_1}$$

$$= \frac{d_i^T V_1 - d_i^T (V_j^T + \cdots + V_n^T) + V_j^T d_j^T + \cdots + V_n^T d_n^T}{D_1}$$

$$V_1 D_1 = d_i^T V_1 - d_i^T (V_j^T + \cdots + V_n^T) + V_j^T d_j^T + \cdots + V_n^T d_n^T$$

$$V_1 D_1 - d_i^T V_1 = -d_i^T (V_j^T + \cdots + V_n^T) + V_j^T d_j^T + \cdots + V_n^T d_n^T$$

$$V_1 (D_1 - d_i^T) = -d_i^T (V_j^T + \cdots + V_n^T) + V_j^T d_j^T + \cdots + V_n^T d_n^T$$

$$V_1 = \frac{-d_i^T (V_j^T + \cdots + V_n^T) + V_j^T d_j^T + \cdots + V_n^T d_n^T}{D_1 - d_i^T} \tag{3-7}$$

式（3-7）为计算流体包裹体体积的基本公式，如果包裹体内溶液是水，气泡为水蒸气，则对于 25℃时的两相纯水包裹体来说，式（3-7）可以简化为

$$V_1 = \frac{V_2(d_2 - d_1)}{D_1 - d_1} \qquad (3\text{-}8)$$

式中，下标 1 和 2 分别代表液相和气相（气泡），相当于式（3-7）中的 i 和 j。式（3-7）中的 T 为 25℃；式（3-8）中气相体积 $V_2 = 1/6\pi D^3$（D 为显微镜下用目镜测微尺测定的直径）；25℃液态水和水蒸气的密度分别为 0.997 g/cm³（d_1）和 0.000023 g/cm³（d_2）；包裹体总密度的测定方法为：将气液包裹体加热至均一温度，然后在水的 pVT 相图上沿气液曲线查得均一温度时的等密度线求得。

3. 分布

按包裹体的聚集状态和排列方式分类，矿物中包裹体的分布有规则和不规则两种。规则分布是指群体包裹体出现规则排列的现象。由于包裹体的分布受到主矿物的晶面生长机制的制约，规则排列的方向与主矿物的晶体晶面、晶棱或生长纹理方向相同。包裹体的规则分布有以下几种情况：①包裹体沿主矿物显微晶面排列呈环带状分布，即与矿物的环带状构造相似；②呈平行条带状分布；③单个包裹体的形状虽不同，但是每个包裹体均具有规则的几何形状，特别是每个包裹体的相应边（相当于一定的晶面）互相平行；④总体上看，成群包裹体不但其中单个包裹体的形态相似、长轴定向，而且若把它们勾画起来，常呈清晰的主矿物晶形轮廓；⑤虽然在成群包裹体中的各个包裹体都没有规则的形状，但是每个包裹体的长轴方向与主矿物晶体晶面的方向相同；⑥在成群包裹体中，包裹体的形状不规则，单个包裹体的长轴也无一定方向，但是该包裹体群呈条带状延展，特别是该条带呈等宽延展，显示包裹体群分布在一组平行的微晶面上。有时见到一条呈线状分布的包裹体，它们可能是条带状分布，也可能是沿一条裂隙而分布的次生包裹体（或假次生包裹体）。包裹体不规则分布指的是主矿物中的成群包裹体分布没有规律，但其中的各个包裹体的形状规则还是不规则，都是可能的。

4. 丰度

通常丰度被用于表征矿物中流体包裹体的多少，单个晶体中，包裹体的总体积通常小于已知晶体体积的 1%（图 3-3），它的丰度和分布取决于晶体的原始生长条件和晶体结晶后的地质作用。

对矿物晶体包裹体的数量可以进行大致估算，需要指出的是这种估算是基于假定包裹体的分布是均匀的，但实际上，包裹体的分布大多是不均匀的。在矿物成型的早期形成的包裹体较多，而矿物成型的晚期形成的包裹体则很少。例如，晶洞石英晶体中，在石英晶体的近根部因包裹体含量较多而呈乳浊状，而顶端因包裹体含量较少而十分透明。某些有色带的矿物（如萤石和闪锌矿），内带也比外带包裹体多。

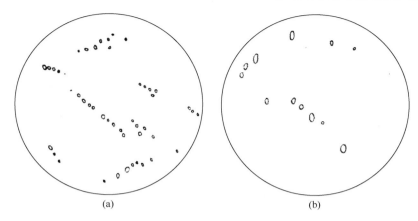

(a)　　　　　　　　　　　　　　　(b)

图 3-3　包裹体占样品的 1%时典型视域（假定体积百分比 = 面积百分比）

（张文淮和陈紫英，1993）

　　在显微镜下统计出矿物中流体包裹体的数量，首先统计 1 cm^2 的数量，再算出 1 cm^3 的数量。在求出包裹体的大小和每平方厘米中包裹体的数量后，可换算出每立方厘米中包裹体的总体积，然后与主矿物体积进行对比，求出二者的比值。包裹体的数量也可进行简单粗略估算，例如，当包裹体平均大小（长径）为 1 mm、100 μm、10 μm 和 1 μm，包裹体体积占样品总体积 0.1%时，1 cm^3 样品中包裹体的平均（估计）数量分别为 1 个、10^3 个、10^6 个和 10^9 个。

5. 颜色

　　包裹体的颜色受到包裹体所含物质自身因素影响和包裹体片厚度、光的折射效应等外界因素的影响。以往的流体包裹体研究结果可总结为：包裹体的液相中含有一定量的碳氢化合物时，其一般为黄色或棕褐色，当包裹体的液相中有显色离子时，包裹体颜色由所含离子颜色决定，如含 Cu^{2+}、Fe^{2+}、Fe^{3+} 和 Mn^{2+} 时分别呈蓝色、浅绿色、浅紫色和浅红色；由于盐水溶液和水蒸气本身都不显色，它们也不会导致包裹体显色，表现为无色，但是气液界面会有明显的环状黑色界线，气泡中心较亮；但由于光线折射或包裹体与薄片表面不平行，气泡有时带有一定颜色。气泡以有机气体为主时，常呈浅褐色，含碳时呈黑色。在高倍显微镜（600～1000 倍）下观察包裹体的颜色时要特别小心，因为放大倍数高时会产生虚假颜色，且气泡中心可能无亮点。不同于流体包裹体，熔融包裹体的颜色比较复杂，这是由于熔融包裹体中的固态物质本身具有一定颜色，固态物质本身的颜色会影响包裹体呈现出的颜色，如硅酸盐玻璃为包裹体中的主要物质时，硅酸盐玻璃为何颜色包裹体即为何颜色；含有的铁、镁较多时，呈现出的颜色为深绿色或绿色。

3.1.4　流体包裹体中物质的相态

矿物流体包裹体中的物质按存在的形式可以分为气相、液相和固相三种相态，常见的为气液两相的包裹体，也有单一气相或单一液相的包裹体及三相以上的多相包裹体。下面对包裹体中物质各相态进行介绍。

1. 气相

当包裹体中气相和液相同时存在时，气相一般表现为圆球形气泡，在某些很小的包裹体中甚至可以观察到气泡会不停地跳动，这是证明包裹体中气相存在的强有力证据。包裹体经过加热，由于热胀冷缩，气泡的体积会有所变化，并且能在液相中移动。气泡存在于熔融包裹体中时，一般不呈现为圆球形，颜色为褐色或黑色，很多时候有多个气泡，如果气泡所含气体的黏滞性很大，一般呈现为椭球形；只含气相一相的包裹体，气相的颜色为黑色等偏暗的颜色，只在气相中心有微光，与主矿物之间的界线很粗。当推上显微镜偏光片后，其光性变化一般不明显，若有变化，其透明处的干涉色与主矿物相同。

2. 液相

除了气泡，包裹体液相组分是包裹体体腔的填充成分。大多数的流体包裹体所含有的液相为有丰富化学组分的盐水溶液，常常还会含有液态 CO_2 或有机液体。在气相-液相两相包裹体中，当组分中无显色离子时，液相盐水溶液多为无色透明，当组分中含有显色离子时，液相盐水溶液多为浅紫色和浅蓝色等。有机液体和液态 CO_2 是包裹体中成分时，会与其中的气体和水溶液组成三相包裹体。

3. 固相

玻璃质、子矿物及不均匀捕获的早于包裹体形成的晶体或碎屑物都是包裹体的固相成分。

4. 碳氢化合物

碳氢化合物流体包裹体即油气包裹体，它是油气运移、聚集过程中封存在矿物晶格缺陷或裂隙中的原始样品，流体本身即为欲寻找的矿产。油气包裹体与石油有极其相似的性质，如颜色、相态及荧光性等，但是包裹体中碳氢化合物的密度和它的组成会影响它的颜色。油气包裹体中的沥青质含量高，颜色一般较深，呈半透明和不透明色；沥青质含量低，包裹体的颜色一般较浅，透明度会大幅增加。凝析油气包裹体一般无色、透明、呈气液两相。纯气态烃包裹体比较少见，透射光下为褐黑或灰黑色，不透明，凸起较高。总的来讲，油气包裹体大多出现于沉积岩和浅变质岩中，它的成分变化范围可从纯甲烷到固体黑色沥青，但从各种热液矿床直到碱性岩浆岩等各种地质环境中也都曾有发现。

3.2　流体包裹体现代分析研究技术

3.2.1　紫外显微技术

紫外显微技术在包裹体研究中的主要对象是一些在紫外光照射下能发出荧光的物质，如存在于石油包裹体中的液相碳氢化合物。应用这个特点，在确定主矿物不会发出荧光的情况下，紫外显微镜可以区分碳氢化合物液体和水溶液。根据不同碳氢化合物的成分在紫外光的照射下呈现不同的波长的特点，包裹体中碳氢化合物可以发浅白色、浅蓝色、浅绿色或黄橙色荧光。荧光的颜色由黄绿色变为蓝色、橙色表明强度变弱，最终荧光消失，有机质的演化程度变强。虽然紫外光显微技术在流体包裹体的研究中使用不多，但利用它对单个包裹体进行分光光度计测定却是一个新的有意义的手段。

3.2.2　红外显微成像技术

红外显微成像技术对不透明矿物中包裹体的研究具有重要意义。事实上，大多数金属硫化物尤其是铜、铅、锌等硫化矿在光学显微镜下都是不透明的或半透明的，在普通光学显微镜下仅能研究与金属硫化矿共生的透明矿物。1984 年，Campbell 等首次使用红外光学显微镜对金属矿物内的流体包裹体进行了红外光学成像。3 年后，他们结合红外光学显微镜和显微测温分析对流体包裹体进行了热力学特征研究。在随后的研究中，大量研究者都成功实现了对许多在金属硫化矿热液矿床中的不透明矿物的研究。对热液矿床中不透明金属硫化矿物的流体包裹体研究，有利于其形成过程中的物理、化学条件和成矿作用的研究。图 3-4 是红外光学显微镜下黄铁矿中的流体包裹体显微图像。

红外光学显微镜工作原理：红外光学显微镜采用特定范围波长的红外光照射在可见光下不透明的矿物，使其变得透明或半透明，从而使其能在光学显微镜下观察。人类眼睛所能看见光线的波长在 0.35～0.75 μm，也就是量子能量在 3.5～1.65 eV。可见光与红外光分界线为波长 0.75 μm，能量 1.65 eV，而紫外光与可见光的分界线为波长 0.35 μm，能量 3.5 eV。矿物谱学研究表明，禁带决定了矿物的透明程度，入射光子能量决定光子是否会被吸收，价带顶部的电子是否会向导带跃迁。当入射光子能量比矿物的吸收限大时，可见光会被矿物完全吸收，显示为

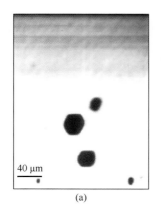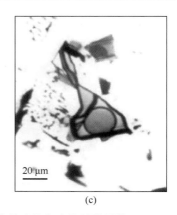

(a)　　　　　　　　　　(b)　　　　　　　　　　(c)

图 3-4　红外光学显微镜下获得的不透明矿物黄铁矿中的流体包裹体显微图像

（Kouzmanov 等，2002）

（a）平行于黄铁矿（100）晶面的等轴原生包裹体；（b）（100）生长面的扁平包裹体；
（c）晶体中心大而平的包裹体

不透明矿物，当入射光子能量小于矿物的吸收限时，可见光不会被吸收，全部透过矿物，表现为透明矿物。图 3-5 表示的是各种矿物的禁带能级。

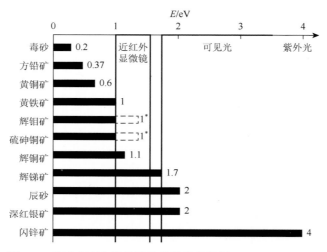

图 3-5　热液矿床中常见硫化物的禁带能级（Shuey，2012）

　　红外光学显微镜系统主要由载物台、红外光源、聚光镜、物镜、调焦机构、图像转换管、目镜、摄像头及计算机等组成。目前的红外光学显微镜能提供的长红外波长≤2200 nm，短红外波长≤1100 nm。而广泛运用的流体包裹体显微测温冷热台的温度为–195～600℃。在红外光学显微镜下观察到的流体包裹体与偏光显微镜下观察的基本一致。

红外光学显微镜为流体包裹体研究提出了新的方向，在金属矿物流体包裹体的研究中越来越显示出巨大的优势。在我国，采用红外光学显微镜研究矿物中的流体包裹体尚属于一门新兴的技术，发展前景广阔。但是，正是作为一门新兴的技术，它在不透明矿物流体包裹体的研究中还有许多需要进一步攻克的难题，总结起来有以下几点。

（1）同一种矿物的红外透明度存在较大差异，主要表现为：①矿物的成矿因素对其透明度影响很大；②矿物内含的微量元素影响矿物的透明程度。

（2）红外光学显微镜下流体包裹体成像不够清晰，且透明度变化很大。许多金属矿物中的流体包裹体本身为黑色或暗灰色，其相态难以辨别，如黄铜矿、闪锌矿中的包裹体。

（3）包裹体的盐度测定及类型的确定受到红外光的强度影响。包裹体薄片在红外光下，不能使用红外滤光片，使其薄片上温度过高，造成偏差。

（4）显微测温过程存在的难点：红外光学显微镜下，所测得的包裹体图像是通过红外电子感应转换为数据信号后得到的，红外光在照射包裹体体壁时会发生强烈的折射，从而影响对冰晶形成的判定。对于冰点的测定，只能通过气泡的大小、形状及位置在冷冻和回温过程中的变化来确定。

3.2.3　扫描电子显微镜分析

扫描电子显微镜（SEM）作为微区原位分析的主要测试仪器之一，具有分辨率高、景深大、放大倍数大、图像立体感强等优点，所拍图像照片往往比通过光学显微镜拍摄的照片放大倍数大，且更加清晰。采用扫描电子显微镜并结合能谱分析（EDS）对内蒙古某铜钼矿床中石英流体包裹体进行研究，获得的石英流体包裹体中扫描电子显微镜显微图像及相应组分能谱图如图 3-6 所示。

早期 SEM 应用于流体包裹体的研究，仅局限在包裹体片中表层的次显微包裹

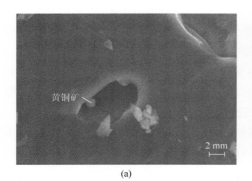

(a)

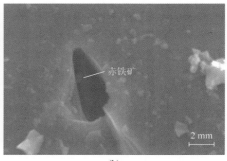

(b)

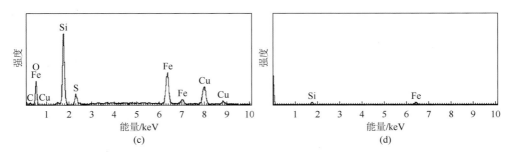

图 3-6 内蒙古某 Cu-Mo 矿床中石英流体包裹体中子矿物的 SEM 图像
及相应能谱图（Li et al.，2012）

（a）和（c）黄铜矿子矿物；（b）和（d）赤铁矿子矿物

体的形态、位置和分布，但后来发现 SEM 在和 EDS 联合使用后，对鉴定流体包裹体中的"俘虏矿物"和子矿物的研究有很大潜力。即使 SEM 放大到 50～20000 倍，仍能获得极清晰的照片或视频。当运用 SEM 和 EDS 相结合来研究流体包裹体中所含的子矿物时，既能得到包裹体子矿物的清晰图像，还能对子矿物进行半定量分析。SEM 对透明和不透明的子矿物同样适用。

但由于技术因素，扫描电子显微镜在流体包裹体的研究中也存在一些缺陷。例如，扫描电子显微镜只能测定原子序数大于 5 的元素；不能利用已用均一法测温的光薄片在光学显微镜下进行预选，在测定过程中反复利用 X 射线能谱检测进行搜索，需要花费比较长的时间；另外，扫描电子显微镜没有区分包裹体类型的能力，即对于一个子矿物来说，难以判定它是在原生包裹体中的还是次生包裹体中的。采用扫描电子显微镜研究流体包裹体样品的一般测试步骤如下。

首先，使用光学显微镜对光薄片中矿物流体包裹体进行观察，确定包裹体特征、子矿物特征和数量。做扫描电子显微镜研究的样品要求子矿物较多、类别较复杂。然后，将样品破碎，在破碎的样品中选出几十片直径为 1 mm 左右的碎片用导电胶粘在直径为 1 cm 的金属底座上，且新鲜面要求朝上，为了增加碎片表面积和使发现有意义的包裹体子矿物的机会提高，尽量使碎片表面和金属底座表面平行。标本在超声波清洗器中清洗后再破碎，然后用喷镀仪在样品表面镀上一层金膜。最后，把喷镀过金膜的样品和底座一同用扫描电子显微镜做对比研究。首先对样品依次扫描，一旦发现包裹体体腔中可疑的子晶，就应该视子矿物大小放大定位（一般为 1000～20000 倍），再用 X 射线检测仪激发电子束轰击目标子矿物，子矿物中的元素会被激发出特征 X 射线，在几十秒钟内可得到一个直观的图谱，并且可拍摄成照片或用配套的计算机得出各元素的相应数据。

近年来，国外研究者采用 SEM-VPSE 技术对矿物流体包裹体进行研究，该项技术是采用蔡司公司生产的 EVO 50 扫描电子显微镜，该扫描电子显微镜装有一个变压二次电子检测器（VPSE），可以获得较好的流体包裹体形态学图片，如图 3-7 所示。

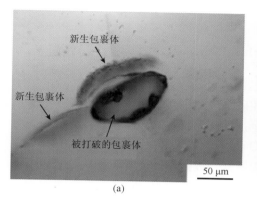
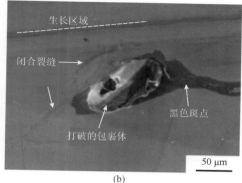

（a）　　　　　　　　　　　　　　　　　　（b）

图 3-7　矿物中流体包裹体显微图（Lambrecht and Diamond，2014）

（a）透射光下的显微照片；（b）相应位置下 SEM-VPSE 成像照片

3.2.4　高分辨 X 射线断层成像分析

高分辨 X 射线断层成像（HRXCT）可以提供样品内部结构的多维千分尺分辨率的图片。HRXCT 可以同时扫描上千计数目的颗粒，这种极强的工作能力对寻找矿物内部具有完整孔洞的流体包裹体带来了很大的便利。矿物流体包裹体的内部物质组成和主矿物存在很大差别，因此矿物内部包含流体包裹体的部分和不含流体包裹体的部分对 X 射线信号的反应程度不一样，扫描后所得到的空间三维图像区域的形貌和颜色会有所差别。Kyle 等（2008）用高分辨的 X 射线断层成像技术，对水晶和闪锌矿中的流体包裹体做出了 3D（三维）示意图（图 3-8），这是一种鉴别不透明和半透明矿物内包裹体的有效方法。X 射线断层成像技术的优势在于不依赖矿物的透明度，通过使用 3D 形式展示晶体中包裹体，可以清晰地看到其中的原生和次生包裹体的分布。

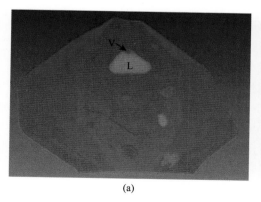
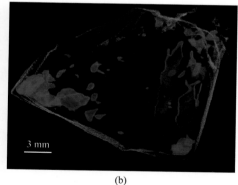

（a）　　　　　　　　　　　　　　　　　　（b）

图 3-8　高分辨 X 射线断层成像技术获得的石英（a）和闪锌矿（b）中的流体包裹体 3D 图像

（Kyle and Ketcham，2015；Kyle et al.，2008）

3.3　包裹体盐度的测定

通常，流体包裹体中含有丰富的氯盐组分，其浓度在地质学中被称为盐度，通常以 NaCl 的质量分数表示。因此，纯矿物研究中，磨矿后矿浆溶液中大量氯离子的出现，可以作为流体包裹体组分释放的一个证据。对于包裹体中液相组分以盐水溶液（NaCl-H$_2$O 或 NaCl-KCl-H$_2$O 体系）为主的单个流体包裹体盐度，主要采用显微微热计技术来间接测定。液相组分以过饱和的盐水为主的包裹体可通过测定其中对应的石盐子晶的熔化温度来确定，而液相组分以不饱和盐水溶液为主的包裹体盐度测定可用冷冻法在冷热台上测冰点的方法获得。包裹体盐度测定的理论基础如下。

平衡体系中盐水溶液相变的低共溶点与溶液的电解质浓度之间存在可用相图表示的定量关系，利用这种定量关系可以以间接的方式测得包裹体的盐度。但是测定富水包裹体时，显微微热计常会受到光学性质的影响，在把完全冷冻的包裹体逐渐加热至接近冰点过程中，包裹体与主矿物的固液边界会变得很模糊，难以辨别，尤其在个体较小的包裹体和富气包裹体中十分明显，显微微热法的误差较大。地质学中，普遍采用冷冻法来测定包裹体的盐度，即首先通过单个流体包裹体的显微测温实验获得该包裹体的冰点温度，然后将该冰点温度代入经验公式中计算即可得出该包裹体的盐度。包裹体液相冰点温度有助于盐度、密度、成矿压力等与成矿信息有关的数据获得，在获知包裹体的大致成分的同时，它也是研究成矿物理、化学条件的重要手段之一。对于矿物加工领域中的浮选而言，包裹体中的氯盐组分对浮选溶液化学、矿物表面双电层的吸附也有影响。

1. 冷冻法测定包裹体盐度的基本原理

冷冻法是包裹体中流体成分和盐度研究的一个重要方法，基本原理是：在冷冻台上改变包裹体的体系温度，随着温度的变化，包裹体中会发生相变，然后与已知流体体系的实验相图做对比，确定包裹体流体所属体系和成分。低盐度的 NaCl-H$_2$O 体系包裹体，可根据稀溶液的冰点随溶质的物质的量浓度上升而下降的原理来测定流体的盐度，即拉乌尔定律。

（1）对于稀浓度溶液来说，溶液冰点下降的数值取决于水溶液的浓度，和溶质的种类、性质没有关系。可用下式表示

$$\Delta t = k_{\mathrm{f}} m \quad \left(k_{\mathrm{f}} = \frac{R \times T_{\mathrm{m}}^2 \times M}{1000 \times \Delta H} \right) \tag{3-9}$$

式中，Δt 为冰点下降数值（℃）；m 为溶质的质量摩尔浓度（mol/g）；k_{f} 为冰点降低常数。由 k_{f} 计算式可知 k_{f} 的大小取决于纯溶质的冰点（T_{m}）、分子的摩尔质量

（M）和熔化热（ΔH），因而它只与溶质的性质有关，对于相同浓度的各种溶质，其冰点的下降温度也相同。

（2）压力对冰点下降的数值几乎没有影响。

（3）拉乌尔定律具有一定的适用条件，只适用于理想溶液或非电解质的稀溶液，对于主要含 NaCl 和少量其他盐类的强电解质溶液，拉乌尔定律并不适用。假如 NaCl 溶液浓度不高，它可以在适当的修正条件下使用。

Hall 等（1988）根据实验数据，获得了利用冰点下降温度计算盐度的公式

$$W = 1.78T_{\mathrm{m}} - 0.442T_{\mathrm{m}}^2 + 0.000557T_{\mathrm{m}}^3 \tag{3-10}$$

式中，W 为 NaCl 的质量分数；T_{m} 为冰点下降温度（℃）。

2. 冷冻法测定包裹体盐度的注意事项

根据拉乌尔定律及上述冰点下降公式或实际的盐水体系相图，可以通过实测溶液的冰点来计算溶液中盐的浓度，但在实际应用冷冻法测定包裹体盐水体系浓度时还需注意以下事项。

（1）通常包裹体盐水的液相组分是一个复杂的水溶液体系，大部分组分是溶解在 NaCl 溶液中，包裹体冰点温度测定中各种溶质组分造成的冰点下降值是不可能被测定的，而我们测得的冰点温度实际上是包裹体中所有组分共同造成的冰点下降值。因此，冷冻法所获得的盐度实际上是多组分溶质的综合结果，以相当于 NaCl 的浓度来表示。从现有的实验资料来看，其他主要盐类的水溶液的冷冻性质也很类似于 NaCl 溶液，如当用摩尔分数表示时 KCl 和 NaCl 的冷冻曲线是两条接近平行的线，而 NaCl 常是溶液中的主要组分。因而一般说来，NaCl-H$_2$O 体系的冷冻曲线可近似代表多组分体系的冷冻曲线。

（2）冷冻法具有一定的适用范围，冷冻法仅适用于盐度在 0%～23.3%（质量分数）简单的 NaCl-H$_2$O 体系稀溶液的测定，如果盐度超出这个范围，它的盐度就不能用冰点来测定了。因此，NaCl-H$_2$O 体系的冰点最低不会低于盐度为 23.3% 时的冰点（−21.2℃）。

（3）除了 NaCl-H$_2$O 体系外，盐水包裹体中常见的还有 KCl-H$_2$O、NaCl-KCl-H$_2$O 及 NaCl-CaCl$_2$-H$_2$O、NaCl-MgCl$_2$-H$_2$O、Na$_2$CO$_3$-H$_2$O、NaHCO$_3$-H$_2$O 等体系。如果根据其他性质能够确定流体包裹体中是以 NaCl-H$_2$O 体系以外的组分为主时，则应根据相应的体系实验数据来确定其盐度。

3. 冷冻法测定仪器

按制冷原理分类，冷冻台可以分为两大类：一类为制冷剂，另一类为半导体。根据实际情况，这两种冷冻台各有其适用的领域。制冷剂致冷冷冻台的特点是冷冻效率高、冷冻温度低（最低可达−190℃），但这种冷冻台制冷方式也有需专门的

冷却系统和制冷剂及操作较复杂的缺点。半导体制冷冷冻台的优点是可以直接用电制冷，不需要专门的制冷剂，操作相对方便简单，但它的缺点也十分明显，冷冻温度一般只能达–60℃，效率相对较低。目前市面上供应的显微热台都为冷冻和加热两用台，低温测试用制冷剂制冷，中高温测试用电炉加热，这样就可以对同一流体包裹体进行低温和高温测试，获得盐度及均一温度等数据。虽然国内外市场包裹体测试用的冷热台厂商较多，但目前广泛应用的主要为英国 Linkam 公司生产的 THMSG600 冷热台和美国地质勘探局生产的 USG 冷热台。液氮（N_2 沸点–196℃）是实验室最常用的制冷剂，它无毒，化学上具有惰性和不可燃性，但实际工作中使用时应在通风良好的室内进行，特别是在向液氮罐加注液态 N_2 时，要做好防护工作，以防液氮飞溅造成人体伤害。

近年来，吕新彪等（2001）报道了利用拉曼光谱来测定包裹体的盐度，结果显示拉曼光谱在 2800～3400 cm^{-1} 内对水溶液中 OH$^-$ 的变化非常敏感，并且电解质的浓度变化与拉曼光谱特征参数之间具有相应的数量关系；通过对不同浓度的 NaCl 和 KCl 水溶液与拉曼光谱特征之间的关系分析后，提出了用拉曼光谱偏斜率来综合反映溶液浓度。在实验分析后，得出 NaCl 和 KCl 水溶液的浓度与拉曼光谱偏斜率存在很好的线性关系，并拟合出了直线，由此给出了 NaCl 和 KCl 水溶液盐度的拉曼参数计算经验公式。为了测试经验公式的有效性，他们用传统的显微微热计和激光拉曼光谱仪对比测定人工包裹体和含金石英脉中的包裹体的盐度，证明了用激光拉曼光谱仪测定不饱和流体包裹体是一种十分有效的方法。

3.4 流体包裹体组分的提取与分析

矿物中流体包裹体测试手段和技术方法的形成始于 20 世纪 50 年代，成熟于 20 世纪 70 年代，随着激光技术、光学、光电子、微电子及计算机技术等的飞速发展和集成，20 世纪 80 年代以来，出现了许多各类可用于流体包裹体成分及物理化学性质测定的技术。近年来，科学技术的飞速发展及大量现代分析测试技术引进地质学研究领域，使得包裹体高精度成分分析成为可能，从而使包裹体的研究进入了一个新的阶段，现在包裹体成分分析（包括同位素分析）已日益成为包裹体研究的重要组成部分。最大限度提供准确无误的流体包裹体内部包含的古流体成分的物理、化学信息，以此来建立古流体作用过程的地球化学模型，是包裹体在地质学领域研究中的最重要的任务之一。对于矿物加工领域，包裹体内部物质的组成和含量同样重要，关系到这些组分在矿物表面和矿浆体系的一系列物理、化学作用。

迄今，对流体包裹体成分分析的仪器设备和采用的方法都为压碎（或爆裂）-萃取法（又称群体法）或单个流体包裹体的流体直接提取法这两种方法。矿物中大多数流体包裹体的长径都小于 50 μm，体积很小，因此在实际的应用中，这两种方法也有它们各自的优点和缺点。第一种方法的优点是可以获取较多的流体组分样品，通过大量的流体组分样品，可在同一分析流程中进行多元素分析，且流体中检测元素的浓度都大于分析仪器的检出限；但是它获得的样品成分较为复杂，代表性较差，导致其样品分析结果准确性不高，因为同一个样品中的大量流体包裹体一般是由多个世代所组成，而包裹体世代不同，所含成分也有很大不同。正是同一个样品中含有多个世代包裹体导致群体包裹体成分的分析方法变得十分复杂，增加了结果最终解释的误差，选取具有代表性、同一世代、体积尽量小的包裹体样品是解决此问题的办法之一。对于第二种方法而言，单个流体包裹体中流体的直接提取与分析可以很好地对样品进行控制是它最大的特点，与显微镜观察联合可以准确地分析单个包裹体，从而得出其代表的确定的或是唯一的地质信息。正是由于只对单个包裹体分析，其每次所能检测的元素也有限，但该缺陷可以通过这些方法的快速分析和准确的样品控制得到补偿。

对于矿物加工领域而言，我们不需要考虑矿物中包裹体的世代问题，只需关注总的包裹体所释放出的组分含量，而采用群体法提取流体包裹体正好类似矿物加工工程的碎矿磨矿，因此群体法是矿物加工领域关注的重点。

3.4.1　包裹体组分分析需要注意的问题

虽然采用现代分析测试技术可以获得较高的检测精度，但由于矿物流体包裹体样品所具有的某些特殊性，在包裹体组分分析中仍存在不少的问题。

（1）包裹体组分分析中，尤其是采用群体分析方法时，在包裹体组分释放过程中如何消除主矿物的污染、干扰等是首先必须考虑的问题。矿物流体包裹体是被圈闭在主矿物中的复杂体系，一般而言其体积只有主矿物体积的千分之几甚至更小，包裹体体积小、内部组分含量相对较低，因此很容易受主矿物组分的干扰，尤其当主矿物成分较为复杂时，往往给包裹体组分分析带来不可忽视的影响。因此，研究时尽量采用纯度很高的单矿物，排除其他杂质矿物的影响，这是一个有效的方法。

（2）流体包裹体尺度多数不超过几十微米，包裹体中可供分析的物质含量极少，而在这样微小的区间内常常包含了固相、气相和液相等不同相态的物质。据估计，单个包裹体大约只含有 10^{-9} mol 的可分析物质，而且其中重要组分（如成矿物质即重金属元素）的浓度就更低，常低于 1 μg/g。这些因素给分析增加了难度，并决定了分析方法的多样性。

（3）根据现在已有研究资料统计，包裹体中所含组分极为复杂，主要组分包括以下几十种。液相：主要是含有大量溶质的盐水溶液和碳氢化合物溶液等，溶液中溶质的浓度变化很大（0%～60% NaCl），其中阳离子为 K^+、Na^+、Ca^{2+}、Mg^{2+}、Mn^{2+}、Ba^{2+}、Al^{3+}、Si^{4+}、Mo^{2+}、Pb^{2+}、Zn^{2+}、Cu^{2+}、Sr^+ 等；阴离子为 F^-、Cl^-、Br^-、HCO_3^-、SO_4^{2-}、HS^-、NH^- 等及其他络阴离子。气相：H_2O、CO_2、CO、CH_4、C_2H_6、N_2、H_2、O_2、H_2S、NH_3 等。固相：最常见的固体子矿物相有石盐、钾盐、二氯化钙、碳酸盐类、长石类、云母类、黄铁矿、黄铜矿、磁铁矿、钛铁矿、金红石、辉石、尖晶石等矿物。

（4）根据所关注的组分的不同，包裹体组分分析应选择适当的分析方法。虽然很多近代测试技术可用于包裹体分析，但是不少方法只适用于分析某些元素组合或分子组合，很多高精度测试仪器也只是对某些元素有特殊效果。例如，电感耦合等离子体光谱（ICP）测定重金属离子效果最好，离子选择电极主要分析卤族元素。

（5）包裹体组分分析还必须注意与包裹体研究密切结合，根据不同的研究需要选择适合的测试包裹体样品和样品制备方法。例如，要研究主矿物形成期的成矿流体气体成分，则需要测定原生包裹体的气体成分，在样品制备时排除次生包裹体所含气体。若采用真空热爆法提取气体，则应分段升温，先将次生包裹体所含气体爆裂去除，然后再升温使原生包裹体破裂释放气体，最后将这些气体送入气相色谱分析仪。单个包裹体组分分析也可克服上述缺点，但是也必须事先在显微镜下鉴定，选择所需测试的单个包裹体，然后才能进行操作分析。

3.4.2　群体包裹体的化学组分分析

1. 包裹体组分液提取

样品制备是样品分析中一项最关键的前期工作，只有制备出能代表包裹体成分的样品并尽量减小污染，才能经过高精度的仪器分析，得到良好的分析结果。参考地质领域群体包裹体分析的制样过程，并结合矿物加工工程学科包裹体研究的需要，包裹体群体组分研究所需样品的制备一般包括单矿物挑选、清洗、包裹体的打开及包裹体组分液的提取等工序。

1）单矿物挑选

对于矿物中群体包裹体的成分研究，应尽量采用纯度较高的矿物，在技术允许的条件下越纯越好，以免将杂质带入包裹体组分中，影响分析质量。目前，常用的矿物是石英、萤石、绿柱石、磷灰石、磁铁矿、石榴子石、方铅矿、黄铜矿、闪锌矿和重晶石等矿物，其中石英为最佳选择，因为它分布广泛，成分中除 SiO_2 外，其他成分不多，污染较少，而且所含包裹体数量较多，保存较好。在单矿物挑选时，应将矿样破碎到适当的粒度，如果采集的是纯的单矿物，则破碎到研磨法或热爆法打开包裹体所需的粒度即可；如果采集的是细粒的矿物集合体标本，则以达到单体解离的目的为度，并以粒度大些为好，粒度过小容易导致包裹体在破碎过程中破裂而损失。样品破碎后进行筛分、清洗、烘干（注意不要超过 100℃）、选矿提纯。

2）清洗

将挑选出的单矿物样品置于烧杯中用稀盐酸浸泡约 1 h，石英等稳定矿物建议用 1∶1 稀盐酸浸泡，硫化物、方解石等易分解矿物用 1∶4 或更稀的盐酸浸泡，浸泡过程中可以搅拌，以除去矿物颗粒表面上或裂隙中的污染物质。然后将样品倒在玻璃砂芯漏斗中，用去离子水反复冲洗、抽滤，达到中性，最后再用超声波清洗器振动清洗，直到洗下来溶液的电导率与用来清洗样品的去离子水的电导率相近为止。洗净的样品再经过滤，在低于 100℃的烘箱中烘干，妥善保存、待用。

3）包裹体的打开

目前，包裹体的打开方法主要有三种，即机械压碎法、研磨法和热爆法，下面将分别介绍。

（1）机械压碎法。将样品装进一支一头封闭、另一头接有真空阀的不锈钢管或紫铜管内，再将该管接在真空系统上，抽真空到 10^{-3} Pa，然后关闭阀门，将管取下，再用压力机将样品管压瘪，使矿物样品破碎，打开包裹体。这种方法不能将样品破碎到粒度 1 mm 以下，因此，只能打开破裂面上的包裹体。

（2）研磨法（适用于矿物加工领域）。研磨法在矿物加工领域应用较多，有两种方式，一种方式是在纯净的玛瑙研钵中加入少量去离子水和矿样人工研磨；另一种方式是将矿样和少量去离子水一起放入如陶瓷球磨机一样的特殊洁净球磨机中研磨，为把大部分包裹体打开，研磨的粒度要小于部分较大包裹体的直径，再将磨好后的样品进行离心分离，离心分离的清液全部转入容量瓶，进行成分检测。

（3）热爆法。将矿样装入石英管内加热爆裂的方法称为热爆法。根据热爆测温实验，0.25～0.5 mm 是其样品的最佳粒度。通过样品的包裹体热爆法测温曲线，可以判断其中有几组包裹体。如果要测定其中一组包裹体的成分，那么就应该选取该组包裹体的爆裂高峰温度作为打开包裹体的温度。用热爆法打开包裹体后，挥发分导入四极质谱仪或气相色谱仪进行挥发分分析。热爆后的矿样，经提取可溶盐，可做包裹体液相成分的分析。与研磨法相比，热爆法浸出量最多。其原因是当矿物磨成很细的粉末时，表面积很大，在其表面上不可避免地会吸附溶液中的离子。在一般中性溶液中如果离子浓度一定，则矿物颗粒越小，吸附的离子就越多。若矿物粒度一定，则一般是溶液中离子含量越高，相对吸附量越少；而离子含量越低，相对吸附量越多。研磨法不但有表面吸附的弊端，而且当矿物研磨很细时，其中的微小矿物杂质和进入矿物晶格的某些碱类，将有可能和包裹体的液相成分一起被提取，因而给液相分析带来误差。目前国内包裹体群体气液相成分分析广泛采用的方法是热爆法打开包裹体。

4）包裹体液相成分测定前的处理

国内一般采用超声波洗涤离心提取分离法，经实验证明，该方法可大大减小由研磨法的离子吸附及微小矿物杂质污染引起的分析误差，同时对已打开的包裹体中盐类能够做到比较完全地提取。将 1~5 g 已被爆裂打开的包裹体样品放入石英烧杯中，再倒入 25 mL 去离子水后，用超声波清洗器清洗一段时间。超声波电流为 110 mA 时，石英等稳定矿物需要超声清洗 1 h 左右，易分解样品如硫化物则所需时间稍短，约需 40 min。最后取经超声清洗的清洗液进行离心分离。以上步骤反复进行多次，将各次清液吸出，均转入到 100 mL 的容量瓶内，直至洗下来的溶液的电导率与用来清洗样品的去离子水的电导率相近为止，再对所提取的清液进行浓缩之后即可进行分析。

2. 包裹体组分液及气相成分分析

随着分析检测技术的发展，迄今已经有较多的方法和仪器可以用于分析流体包裹体的微量组分，包裹体组分提取液视浓度高低可以用离子色谱法、原子吸收光谱法、电感耦合等离子体原子发射光谱法（ICP-AES）、电感耦合等离子体质谱法（ICP-MS）等测定其中的常量元素和微量元素；流体包裹体真空热爆后提取的气相组分可以由四极质谱仪（QMS）、气相色谱（GC）或色谱-质谱联用（GC-MS）等测定。下面重点介绍几种常用的包裹体群体气、液相成分分析代表性仪器和方法。

1）电感耦合等离子体质谱法

电感耦合等离子体质谱技术是目前公认的最权威的元素分析技术。得益于基础研究和仪器的进步，在同位素比值分析方面，相比于其他分析技术，ICP-MS 也显示出很大的优势。ICP-MS 具有灵敏度高、检出限低［可达 ppb 级（$1 ppb = 10^{-9}$）］、质谱图简单的特点，适用于测定包裹体液相中的 Na、Mg、Mn、Zn、Cu、Pb、Sr、Ba、Rb 等多种元素及稀有、稀土元素及同位素组分。ICP-MS 的主要结构硬件如图 3-9 所示。

2）离子色谱法

无机阴离子分析最常用的方法是离子色谱法，它是高效液相色谱法（HPLC）的一个分支。1975 年商品化的离子色谱仪问世，从此之后，离子色谱从最初的只分析部分常见的无机阴离子发展到了对多种无机和有机阴阳离子的分析。群体包裹体液相成分分析的传统方法大多采用单通道离子色谱分析阴离子，采用这种方法，无需将高温爆裂后的包裹体溶液进行分离即可测定，灵敏度可达 ppm 至 ppb（10^{-6}~10^{-9}）数量级，而且操作简单、速度快、用样量少，成本低，一次

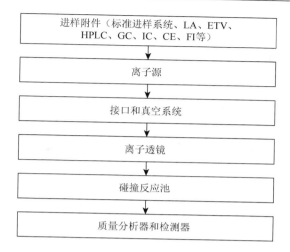

图 3-9　ICP-MS 结构硬件示意图（李金英和徐书，2011）

进样可以测定 F^-、Cl^-、Br^-、SO_4^{2-} 等多种阴离子。在 20 世纪 80～90 年代我国学者将其广泛用于流体包裹体阴离子分析上，获得了大量成果。

离子色谱仪主要由检测和分析两个系统组成，主部件为电导检测器、分离柱（交换容量低的离子交换树脂柱）和抑制柱（交换容量高的离子交换树脂柱），附件为淋滤洗液储液槽、高压泵和注射阀等，淋洗液和测试液分别由高压泵和注射阀注入仪器，在测试液和淋洗液的混合溶液送入分离柱后，就会发生交换反应。当交换达到动态平衡时，待测离子会吸附在交换树脂上，由于淋洗液是动态流动的，可以把性质不同的阴离子分离开来，含有待测离子组分的淋洗液通过抑制柱进入电导池，电导池得到的信号在进行放大后送到记录仪。阴离子的定性和定量是根据出峰时间和面积来确定的。图 3-10 为离子色谱仪工作的基本流程示意图。

近年来，采用双通道离子色谱仪也可以实现包裹体组分液中阴阳离子的同时测定。例如，杨丹等采用双通道离子色谱仪，实现了石英、方解石、萤石、闪锌矿、石榴子石、磁铁矿和黄铁矿等多种矿物流体包裹体液相成分中 Li^+、Na^+、K^+、Ca^{2+}、F^-、Cl^-、Br^- 等阴阳离子的同时分析。所建立的离子色谱同时分析矿物流体包裹体液相微量成分分析方法简便、快速，成本低，用样量少，扩大了矿物种类的分析范围，为成矿流体研究提供了更加直接、有效的信息。

3）气相色谱法

气相色谱法是一种以惰性气体（如 N_2、He、Ar、H_2 等）为流动相的柱色谱分离技术，其对混合气体的分离是基于物质的沸点、极性和吸附性质等物理、化学性质差异来实现的。图 3-11 所示为气相色谱仪工作流程，包括可控而纯净的载气源，它能将样品带入系统进样口，同时还是液体样品的气化室；另外还包括色谱柱和检

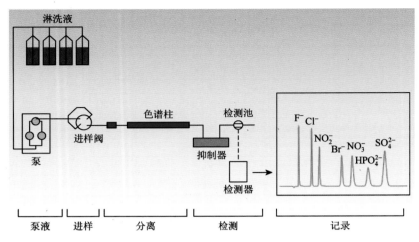

图 3-10 离子色谱仪工作的基本流程示意图

测器，可以实现样品的随时分离与检测，当组分通过时，检测器的信号输出值发生变化，从而对组分做出响应。

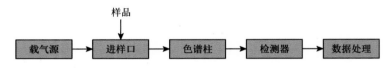

图 3-11 气相色谱仪工作的基本流程图

地质学领域一般采用真空热爆法打开流体包裹体，用气相色谱法分析包裹体的气相组成。杨丹等报道了一种改进的 GC-2010 型气相色谱仪，如图 3-12 所示，建立了双柱、双检测器串联的二维气相色谱，其可以方便准确地测定流体包裹体中 H$_2$、O$_2$、N$_2$ 及甲烷等诸多气相成分。

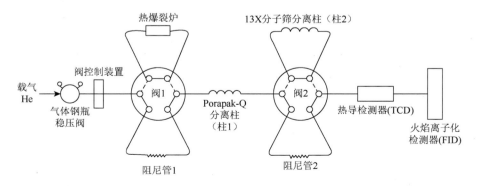

图 3-12 GC-2010 型气相色谱仪改装示意图（杨丹等，2007）

4）四极质谱仪

四极质谱仪也是流体包裹体气相成分测试的重要方法之一，它是由四根笔直的与轴线平行且等距离地悬置着的施加幅度相同的直流和射频电压的极棒作为质量分析器。

QMS 的原理是：离子质荷比不同，在四根平行杆产生的交变电场中运动轨迹也不同，从而把质量不同的离子分离开来，然后通过检测器得到分子和原子的质谱图，再对已得到的质谱图进行处理，就能够对样品进行定性和定量分析。朱和平等报道了采用日本真空技术株式会社 RG202 四极质谱仪测定不同成矿阶段流体包裹体气相成分，QMS 测量系统简图如图 3-13 所示。具体操作如下：称取 50 mg 石英样品于石英玻璃管内，通过电炉加热使石英玻璃管内的样品达到 100℃，打开 SV2 阀抽真空；然后关闭 SV2，打开 SV1，待分析管内真空度达到 5×10^{-6} Pa 时，将 100℃ 以内的次生包裹体和样品吸附气体去除；关闭 SV1 阀，打开 VLV 测定，同时将电炉温度以 1℃/5 s 的升温速率升到设定温度，即时检测，从而可获得气体总压力与温度的曲线，也称包裹体爆裂温度曲线。根据爆裂温度曲线就可看出群体包裹体在不同温度的爆裂情况。在此基础上，再分别测定不同温度区间的气相成分。

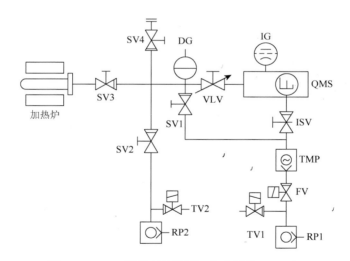

图 3-13　QMS 测量系统简图（朱和平等，2003）

SV1～SV4，ISV. 气体控制阀；VLV. 针阀；TMP. 分子泵；RP1，RP2. 机械泵；TV1，TV2. 转换阀；FV. 炉阀；DG. 膜压力计；IG. 真空电离计；QMS. 四极质谱仪

3.4.3　单个包裹体的化学组分分析

单个包裹体的组分测定按照实验方法又可以分为破坏性和非破坏性两种，其中激光剥蚀（消融）电感耦合等离子体质谱法（LA-ICP-MS）、扫描电子显微镜-

能谱分析（SEM-EDS）和二次离子质谱仪（SIMS）分析等为破坏性分析方法，而显微激光拉曼光谱法（LRM）、傅里叶变换红外光谱法（FTIR）、同步辐射 X 射线荧光光谱法（SXRF）和核微探针等则属于非破坏性分析方法。矿物中单个流体包裹体常用组分分析仪器及特点归纳如表 3-3 所示。

表 3-3　流体包裹体组分分析的几种常用方法（卢焕章和郭迪江，2000）

分析对象	分析方法	分析方法特点	取样方法
块样分析	电感耦合等离子体质谱法	主要用于流体包裹体中的稀土元素的检测	压碎（或爆裂）-萃取
	四极质谱仪	分析包裹体中的气体成分，主要是稀有气体的分析	
单个包裹体分析	傅里叶变换红外光谱法	用于分析石油中的包裹体	单个流体包裹体的流体直接提取
	激光剥蚀电感耦合等离子体质谱法	对于流体包裹体中含量很低的元素的检测，LA-ICP-MS 有很大的优势，但无法消除某些原子间的互相干扰	
	扫描电子显微镜	可对包裹体中释放的固体进行定性和半定量分析	
	质子探针（PIXE 或 PIGE）	根据射线诱发模式的不同，可分为 PIXE 和 PIGE	
	同步辐射 X 射线荧光光谱法	用于分析单个包裹体中的金属离子和阴离子以及气体，分析误差主要来源于包裹体体积的估算。因此，建议采用靠近表面的大而规则的包裹体	
	激光拉曼光谱法（LRM）	分析含有多种相态的包裹体中的组分（如子矿物、CH_4 和 CO_2 等）	
	激光显微探针稀有气体质谱法（LMNGS）	对包裹体中的稀有气体及 K、I、Te、Ca、U 等元素进行定量分析	
	离子探针（ion probe）	流体中的 C、H、N、F、H_2O 的分析	

下面我们将按单个流体包裹体的非破坏性和破坏性分析两个大类分别介绍其常用的分析测试仪器及方法。

1. 单个流体包裹体的破坏性分析

1）激光剥蚀（消融）电感耦合等离子体质谱法

激光剥蚀（消融）电感耦合等离子体质谱法（LA-ICP-MS）是目前应用最为广泛的单个流体包裹体液相组分分析方法，它是将激光消融与 ICP-MS 联机的一种破坏性的单个包裹体液相成分分析方法。它的具体工作原理是：在所要测定的包裹体上方打一个能通到包裹体内部的锥形孔洞，然后通过孔洞把其中的液相组分提取出来，使包裹体组分与主矿物分离开来，然后在 ICP-MS 中进行多元素及同位素组分分析，从单个流体包裹体的组分分析就可得出大量流体成分信息。ICP-MS 测定包裹体液相组分的灵敏度可达 ppb 级。

激光剥蚀（消融）电感耦合等离子体质谱法对包裹体的分析虽然没有块状样品群体包裹体成分分析的复杂性和数据解释的不确定性，但在实际的测试操作中却存在较多难以解决的问题。最显著的问题是在激光打洞过程中，激光所产生的过高的温度会使主矿物出现裂缝，包裹体液相组分从裂缝中泄漏出来。另外，在提取流体组分进入 ICP-MS 进行分析的过程中，容易将主矿物一同提取，结果产生较大误差。Günther 等（1998）报道了对于复杂的多相包裹体采用分段剥蚀方式，如图 3-14 所示，采用分段剥蚀可有效地减少剥蚀损失和主矿物的干扰，提高激光剥蚀效率。

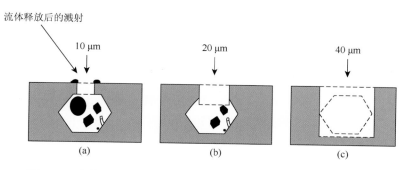

图 3-14   流体包裹体激光分步消融示意图（Günther et al.，1998）

（a）0.25 mm 激光光圈（产生 10 μm 剥蚀孔）；（b）0.5 mm 激光光圈；（c）1 mm 激光光圈

首先以 4～10 μm 的较小孔径和较低的激光功率对样品中包裹体的上层基质进行剥蚀［图 3-14（a）］；然后增大孔径到 20 μm 进行剥蚀直至打开包裹体，对于打开的包裹体，内部的气相组分和少量液相组分会进入载流系统，绝大部分的液相组分和矿物晶体仍然保留在包裹体中［图 3-14（b）］；最后以 40 μm 的孔径和较大的激光功率对整个包裹体进行剥蚀，包裹体中剩余的组分会以激光气溶胶形式全部送入 ICP［图 3-14（c）］。用分步剥蚀的方法获得流体包裹体内部组分，可以很好地排除基质对包裹体组分的影响，并且能够减少单个包裹体中的组分的流失，提高分析的准确度。

2）扫描电子显微镜-能谱分析

扫描电子显微镜-能谱分析（SEM-EDS）是研究包裹体中子矿物的主要仪器，它可以分析打开后的包裹体、包裹体中的子矿物的形貌，也可以分析包裹体中固相成分的特征，对流体包裹体子矿物及熔融包裹体成分的分析有很好的效果。这部分内容在本章的前面部分包裹体的形貌分析中已经做过部分介绍。在光学显微镜下对包裹体仔细研究的基础上，扫描电子显微镜能解决那些在光学显微镜下无法鉴定或小于 1～2 μm 的不透明子矿物的分析。

　　样品准备：要求需要鉴定的子矿物须暴露在测试样品的表面，原因是扫描电子显微镜产生电子束的穿透能力较弱，透不过流体包裹体的腔壁。将包裹体中子矿物暴露在样品表面的方法有两种：一种方法是先在光学显微镜下观察，找到含有子矿物的包裹体薄片且包裹体是靠近表面的，然后将要测试的薄片边在显微镜下观察边手工细磨至子矿物暴露在外，但该方法对流体包裹体样品有要求，即包裹体中的子矿物体积较大且组成物质不溶于水；另一种方法是选择出较好的矿物样品，然后进行破碎，再从破碎后的碎片中挑出所含包裹体中子矿物存在概率较高的碎片，且碎片的断裂面尽量比较新鲜和平坦，大小约为10 mm×10 mm，厚度为3～5 mm。为防止子矿物发生潮解和被污染，碎块样品应马上放入干燥器内。在进行观察之前，样品表面在喷涂金或碳后粘贴在扫描电子显微镜专用的样品座上。

　　具体操作过程：样品放入扫描电子显微镜后，首先在低倍镜（500～1000 倍）下缓慢旋转 X 轴和 Y 轴移动样品，使观察点依次从左至右、由上往下逐步移动，注意寻找主矿物表面的小坑，有的小坑很可能就是暴露出来的被破坏后的包裹体空洞，然后再提高放大倍数（2000～5000 倍或以上）进一步确认。在小坑（包裹体空洞）内发现子矿物后，进一步观察、照相，并进行 X 射线能谱分析，打印出子矿物 X 射线谱图。根据子矿物形态和 X 谱线特征，确定子矿物的成分和可能名称。

　　3）二次离子质谱仪分析

　　二次离子质谱仪主要用于样品表面分析，它是利用质谱法分析初级离子入射靶面后，溅射产生的二次离子而获取样品表面信息。二次离子质谱可以分析包括氢在内的全部元素，并能给出同位素的信息、分析化合物组分和分子结构。二次离子质谱具有灵敏度高、检测限低等特点。例如，二次离子质谱仪中的典型代表飞行时间二次离子质谱仪（TOF-SIMS）检测限可达 ppb 级，同时还具有对样品表面进行深度剖析、三维还原重构功能，可以从表面向内一层一层分析，从而可以对样品内部成分进行分析，依其这一功能可以对单个包裹体成分进行分析。下面我们重点对 TOF-SIMS 在单个流体包裹体分析中的应用进行介绍。

　　工作原理：TOF-SIMS 通过发射几千电子伏特能量一次离子束斑对矿物表面微区（0.2～500 μm）进行轰击，矿物表面原子因溅射产生二次离子，通过一次离子不断地对表面轰击，会使矿物表面受剥蚀而逐渐形成一个深坑。这样最终会将包裹体打开，其内流体即可扩散在高真空度的样品室中，经质谱分析检测，即可得到包裹体内的化学成分和结构。据报道，TOF-SIMS 剥蚀速率为 10～20 μm/min，剥蚀深度可达 150 μm。图 3-15 为 TOF-SIMS 工作原理示意图。

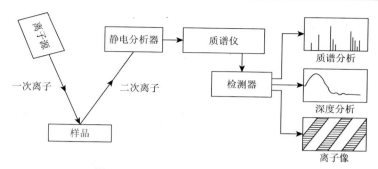

图 3-15　TOF-SIMS 工作原理示意图

TOF-SIMS 分析中要注意如下几个问题。

（1）如何定位包裹体：由于 TOF-SIMS 是在反射光下分析，对于只能在透射光下才能看到的包裹体来说，它的定位是一个很大的问题，虽然在 TOF-SIMS 分析前在偏光显微镜下定位标记，但其仍然有误差，而且不方便。

（2）样品导电性问题：一些矿物如石英、长石、方解石等导电性差的非金属矿物，得到的质谱图信号弱、噪声大，这对高分辨质谱图解释非常不利。因此，对导电性较差的样品表面，事先最好采用表面荷电功能对样品表面进行荷电处理。

（3）如何识谱：TOF-SIMS 灵敏度和分辨率极高，能检测到样品表面上的几乎所有物质，质谱图上出现峰的数量巨大，基本上每个质量数都有出现，这就要求在对图谱进行分析时，每个峰都要详细分析才能得到各个峰代表的离子类型和特征，尤其是因为实验环境因素而产生的一些强、弱峰，而且重现性差的峰需要认真研究辨别。

2. 单个流体包裹体的非破坏性分析

1）显微激光拉曼光谱分析

显微激光拉曼光谱法（LRM）作为一项新兴的微区分析技术，在微区分析上具有高精度、原位、无损和快速等特点，这使之逐渐成为包裹体组分研究中的一种重要分析手段。

LRM 能快速准确地对单个包裹体进行定性和半定量分析，分析包裹体中的气相成分，它是重要的流体包裹体非破坏性分析方法。它的工作原理为"拉曼效应"。光在通过物质时，散射光有一部分会发生频率的变化，而这部分频率发生了变化的光的光谱被称为拉曼光谱，由光谱的选择规则可知，物质分子中只有那些引起分子极化率变化的振动才具有拉曼活性，拉曼光谱就是由这些振动所引起的。显微探针拉曼光谱仪是显微探针与普通拉曼光谱仪的结合，它可以对微米尺度的微区进行分析。具体分析步骤为：首先把样品按照常规的包裹体薄片制片方法，磨至厚度为 $100\sim300\ \mu m$，用激光束对准在显微镜下已经确定的包裹体中的气相组分，经计算机分析就可以得到每种气体的激光拉曼数据；用标准气体测得数据可以计算 F 值（拉曼定量系数），再根据 F 值来计算每种气体的摩尔分数。图 3-16 为显微激光拉曼光谱仪的结构示意图。

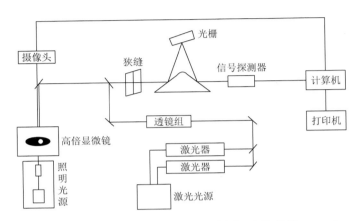

图 3-16　显微激光拉曼光谱仪结构示意图（卢焕章等，2004）

此外，LRM 还可以测定包裹体中的液相成分和子矿物成分。近年来，一些学者研究采用 LRM 作为流体包裹体盐度的测定方法。对于包裹体的研究来说，LRM 是一种方便快捷的方法，而且它也不会破坏包裹体。

2）傅里叶变换红外光谱分析

傅里叶变换红外光谱法（FTIR）能够直接提供单个流体包裹体组分的分子结构信息，与显微激光拉曼光谱法（LRM）类似，也是一种包裹体非破坏性分析方法。这两种方法共同点是：①基于晶体和分子发生的基本振动；②可以对固体、气体和液体包裹体进行定点的微区分析；③有对包裹体中物质的各种化学组分进行定量分析的能力；④可以鉴别包裹体中的有机化合物、子矿物和固体组分，但这两种方法都不能测定各种单原子（离子）形式物质和稀有气体成分。

傅里叶变换红外光谱仪的工作原理：傅里叶变换红外光谱仪由红外光学台、计算机和打印机三个部分组成。其中红外光学台是它的主要部分，结构如图 3-17 所示，红外光学台由红外光源、光阑、干涉仪、样品室、检测器及各种红外反射镜、氦氖激光器、控制电路和电源组成。

傅里叶变换红外光谱是将迈克尔森干涉仪动镜扫描时采集的数据点进行傅里叶变换得到的。动镜在移动过程中，对在一定长度范围且距离相等的位置采集数据，采集的数据点能组成一个干涉图，再对干涉图进行傅里叶变换得到红外光谱图。每个数据点由 X 轴和 Y 轴的两个数据组成，X 值和 Y 值取决于采集数据之前设定的光谱的横纵坐标。可用波数和波长两个物理量作为光谱图的横坐标。其中

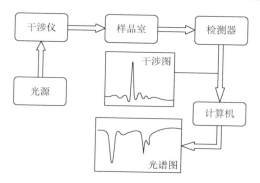

图 3-17　FTIR 光谱仪红外光学台基本光路图

常用的为波数。用透射法测定样品的透射光谱，光谱图纵坐标只能用透射率和吸光度来表示。透射率光谱图能够非常直观地表示样品对红外光的吸收程度，但透射率与样品的质量并不成正比，即红外光谱不能通过透射率进行定量分析。相反，光谱的吸光度在一定范围内与样品的厚度和样品的浓度成正比，所以用吸光度来表示红外光谱图较为普遍。

样品制备和测试：红外显微光谱作为一种透射技术，在进行研究时，发出的红外光束不但会检测到想要分析的包裹体，而且能检测到光路上的载体介质、矿物基体、分析的包裹体上下的其他包裹体和大气，这就导致其样品制备比相似的显微激光拉曼光谱技术要严格和复杂得多。由于这种实验方式，测试样品不能放置在吸收红外的介质（如标准载玻片上），而且样品薄片不能用典型的黏合剂（如环氧树脂）来粘贴，清洗干净的两面抛光包裹体薄片是最佳选择。

3）同步辐射 X 射线荧光光谱分析

同步辐射 X 射线荧光光谱法是以同步辐射作为激发光源，不同的物质在照射后会发出不一样的二次 X 射线，根据谱线能够对其强度做出定性及定量分析。基于同步辐射 X 射线荧光光谱法的高亮度、能谱连续且单色可调、准确性好、偏振度强等优点，它的探测极限可以达 10^{-9} 数量级，因此在微量元素的空间分布及其含量的研究中，相比于同类技术，空间分辨率、分析速度和灵敏度都更加出色，是一种无损的检测技术，可分析长径在 2 μm 以上、原子序数大于 13 的元素，因此它是单个流体包裹体非破坏定量分析的理想手段。同步辐射 X 射线荧光光谱法的最急需解决的问题是检测限受到限制，其中主矿物对入射荧光光束的 X 射线吸收是灵敏度的最大限制因素。为了提高分析精度，降低检测限主要采取了以下几种方法。

（1）加快计数速率，降低测试元素检测限，应选择距薄片表面距离较小的流体包裹体。相对来说，主矿物对轻元素辐射的 X 射线更容易吸收，而对过渡元素和更重元素辐射的 X 射线吸收难度更大，因此，同步辐射 X 射线荧光光谱法可以检测矿物表面下较深处的流体包裹体所含的过渡元素和更重的元素及深度较小的较轻元素。虽然这是一种十分简便的方法，但流体包裹体一般在矿物表面 20 μm 以下，较轻的元素检出难度很大，也不能解决主矿物对入射荧光束的 X 射线吸收的问题。

（2）校正 X 射线吸收模式的建立和改进，提高分析的精度和灵敏度。

样品制备及测试：同步辐射 X 射线荧光分析所需的包裹体薄片可以按照常规的包裹体薄片制片方法，磨制成厚度为 100～300 μm、两面抛光的薄片。磨制成的薄片要从载玻片上取下，然后用丙酮或化学纯的乙醚将其上的黏结剂清洗干净。为防止薄片破损，可将其贴附在无干扰元素的薄膜上并固定在标准的幻灯片支架上。由于仪器空间分辨率的限制，目前一般选用大于 20 μm×20 μm 的代表性包裹体。

4）微束质子诱发 X/γ 射线分析

微束质子诱发 X/γ 射线分析技术属于扫描质子探针技术。高能质子微束与靶物质相互作用时，会出现如激发特征 X 射线，质子发生散射和透射，发生核反应产生 γ 射线等物理效应。因此，扫描质子探针可以综合使用多种核效应来研究物体的微观特征，如微束质子诱发 X 射线分析（PIXE）、卢瑟福背散射（RBS）、扫描透射离子显微成像术（STIM）、微束弹性反冲分析（ERDA）和微束质子激发 γ 射线分析（PIGE）等。目前，在元素分析中，广泛采用的扫描质子探针技术是 PIXE 技术，主要分析的是原子序数大于 13 的元素。质子轨迹的可预测性、PIXE 的产率和 X 射线吸收、高空间分辨率、高灵敏度和大的反应截面使 PIXE 成为分析流体包裹体中原子序数大于等于 13，尤其是大于 30 的元素的较理想的工具，与 SEM 一样，PIXE 对流体包裹体中的多元素同时测定时的精度达到微米级别，但它的灵敏度却比 SEM 高出两个数量级。

与包裹体重叠的光束、包裹体的形状和内部结构会对 PIXE 产生影响，而计算来自流体包裹体的 PIXE 产率的多层模式和分析 PIXE 光谱的 X 射线强度的成果减弱了这些因素的影响，使 PIXE 定量分析流体包裹体成分成为可能。例如，Anderson 等（1989）联合使用质子诱发 X 射线法和 γ 射线辐射法，获取了流体包裹体中子矿物和一些重元素（如 Fe、Mn、Cu、Zn、Pb、Br 等）的成分数据。

近年来国外研究者 Fulignati 等（2013）报道了采用 PIXE 技术对意大利某矿山霞石和斜辉石中的多相流体包裹体进行研究，获得了包裹体内部组分的元素组成图，如图 3-18 所示。

PIXE 成分分析表明这些包裹体内含有丰富的 Fe、Pb、Zn、As±Cu±Mn 组分，图 3-18 中元素的亮度与其含量成正比，研究结果证明 PIXE 是研究多相流体包裹体内部物质组成的有效手段。

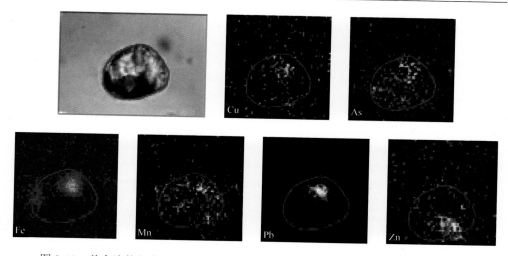

图 3-18　单个流体包裹体光学显微图像及获得的单个多相流体包裹体元素 PIXE 图
（Fulignati et al.，2013）

第一个为光学显微图像，其余为元素 PIXE 图

参 考 文 献

杜谷，王坤阳，冉敬，等. 2014. 红外光谱/扫描电镜等现代大型仪器岩石矿物鉴定技术及其应用[J]. 岩矿测试，33（5）：625-633.

格西，苏文超，朱路艳，等. 2011. 红外显微镜红外光强度对测定不透明矿物中流体包裹体盐度的影响：以辉锑矿为例[J]. 矿物学报，31（3）：366-371.

李冰，杨红霞. 2003. 电感耦合等离子体质谱（ICP-MS）技术在地学研究中的应用[J]. 地学前缘，10（2）：367-378.

李金英，徐书荣. 2011. ICP-MS 仪器的过去，现在和未来[J]. 现代科学仪器，30（5）：29-34.

李荣西，周生斌. 2000. 矿物中单个有机裹体测试与 TOF-SIMS 技术的应用[J]. 矿物学报，20（2）：172-176.

卢焕章，郭迪江. 2000. 流体包裹体研究的进展和方向[J]. 地质论评，46（4）：385-392.

卢焕章，范宏瑞，倪培，等. 2004. 流体包裹体[M]. 北京：科学出版社.

卢焕章，李秉伦，沈昆，等. 1990. 包裹体地球化学[M]. 北京：地质出版社.

吕新彪，姚书振，何谋春. 2001. 成矿流体包裹体盐度的拉曼光谱测定[J]. 地学前缘，8（4）：429-433.

孙青，曾贻善. 2000. 单个流体包裹体成分无损分析进展[J]. 地球科学进展，15（6）：673-678.

孙玉梅. 2006. 对石油包裹体研究和应用的几点认识[J]. 矿物岩石地球化学通报，1：29-32.

王莉娟. 1998. 流体包裹体成分分析研究[J]. 地质论评，44（5）：496-501.

杨丹，徐文艺. 2014. 多种矿物流体包裹体中液相阴阳离子的同时测定[J]. 岩石矿物学杂志，33（3）：591-596.

杨丹，徐文艺，崔艳合，等. 2007. 二维气相色谱法测定流体包裹体中气相成分[J]. 岩矿测试，26（6）：451-454.

张文淮，陈紫英. 1993. 流体包裹体地质学[M]. 武汉：中国地质大学出版社.

张相训. 1993. 冷冻法测定矿物包裹体盐度的应用条件[J]. 地质与勘探，9：37-41.

朱和平，王莉娟，刘建明. 2003. 不同成矿阶段流体包裹体气相成分的四极质谱测定[J]. 岩石学报，19（2）：314-318.

Anderson A J, Clark A H, Ma X P, et al. 1989. Proton-induced X-ray and gamma-ray emission analysis of unopened fluid inclusions[J]. Economic Geology，84（4）：924-939.

Bodnar R J. 1983. A method of calculating fluid inclusion volumes based on vapor bubble diameters and PVTX properties of inclusion fluids[J]. Economic Geology，78（3）：535-542.

Diamond L W，Marshall D D，Jackman J A，et al. 1990. Elemental analysis of individual fluid inclusions in minerals by secondary ion mass spectrometry（SIMS）：Application to cation ratios of fluid inclusions in an Archaean mesothermal gold-quartz vein[J]. Geochimica et Cosmochimica Acta，54（3）：545-552.

Fulignati P，Kamenetsky V，Marianelli P，et al. 2013. PIXE mapping on multiphase fluid inclusions in endoskarn xenoliths of AD 472 eruption of Vesuvius（Italy）[J]. Periodico di Mineralogia，82（2）：291-297.

Günther D，Audétat A，Frischknecht R，et al. 1998. Quantitative analysis of major，minor and trace elements in fluid inclusions using laser ablation-inductively coupled plasmamass spectrometry[J]. Journal of Analytical Atomic Spectrometry，13（4）：263-270.

Hall D L，Sterner S M，Bodnar R J. Freezing point depression of NaCl-KCl-H_2O solutions[J]. Economic Geology，1988，83（1）：197-202.

Kouzmanov K，Bailly L，Ramboz C，et al. 2002. Morphology，origin and infrared microthermometry of fluid inclusions in pyrite from the Radka epithermal copper deposit，Srednogorie zone，Bulgaria[J]. Mineralium Deposita，37（6-7）：599-613.

Kyle J R，Ketcham R A. 2015. Application of high resolution X-ray computed tomography to mineral deposit origin，evaluation，and processing[J]. Ore Geology Reviews，65：821-839.

Kyle J R，Mote A S，Ketcham R A. 2008. High resolution X-ray computed tomography studies of Grasberg porphyry Cu-Au ores，Papua，Indonesia[J]. Mineralium Deposita，43（5）：519-532.

Lambrecht G，Diamond L W. 2014. Morphological ripening of fluid inclusions and coupled zone-refining in quartz crystals revealed by cathodoluminescence imaging：Implications for CL-petrography，fluid inclusion analysis and trace-element geothermometry[J]. Geochimica et Cosmochimica Acta，141：381-406.

Li N，Chen Y J，Ulrich T，et al. 2012. Fluid inclusion study of the Wunugetu Cu-Mo deposit，Inner Mongolia，China[J]. Mineralium Deposita，47（5）：467-482.

Lin C，Miller J. 2000. Network analysis of filter cake pore structure by high resolution X-ray microtomography[J]. Chemical Engineering Journal，77（1）：79-86.

Lin C，Miller J. 2002. Cone beam X-ray microtomography—A new facility for three-dimensional analysis of multiphase materials[J]. Minerals and Metallurgical Processing，19（2）：65-71.

Lindaas S E，Kulis J，Campbell A R. 2002. Near-infrared observation and microthermometry of pyrite-hosted fluid inclusions[J]. Economic Geology，97（3）：603-618.

Lüders V，Reutel C. 1996. Possibilities and limits of infrared microscopy applied to studies of fluid inclusions in sulfides and other opaque minerals[C]. Pan-American Conference on Research on Fluid Inclusions（PACROFI）Ⅵ. Madison，Wisconsin：78-80.

Lüders V，Ziemann M. 1999. Possibilities and limits of infrared light microthermometry applied to studies of pyrite-hosted fluid inclusions[J]. Chemical Geology，154（1）：169-178.

Moritz R. 2006. Fluid salinities obtained by infrared microthermometry of opaque minerals：Implications for ore deposit modeling—A note of caution[J]. Journal of Geochemical Exploration，89（1）：284-287.

Rosière C A，Rios F J. 2004. The origin of hematite in high-grade iron ores based on infrared microscopy and fluid inclusion studies：The example of the Conceição mine，Quadrilátero Ferrífero，Brazil[J]. Economic Geology，99（3）：611-624.

Shuey R T. 2012. Semiconducting Ore Minerals[M]. New York：Elsevier.

第4章 矿物流体包裹体内部物质组成

矿物流体包裹体内部物质组成极为复杂，具体的物质组成和矿床类型、当时成矿环境及包裹体形成后后期的地质演化紧密相关，不能一概而论。总的来讲，流体包裹体的内部物质按其存在形态来分，可以分为气、液、固三相。包裹体中的气相成分对于矿物加工学科而言意义不大，而其中的液相和固相物质组成对矿物加工学科具有重要的意义，在碎矿磨矿过程中矿物中的流体包裹体受到外力的物理破坏而被打开，进而导致其所包裹的内部物质尤其是液相组分释放到矿浆溶液中，这必将引起矿浆溶液化学环境和矿物表面性质的改变，进而对矿物浮选造成影响。

现有研究资料表明包裹体中最常见的气相成分为 CO_2，还有少量 CH_4、CO、H_2、H_2O、O_2、N_2 及一些气态烃类物质等；矿物包裹体内的固相物质主要是指包裹体所包含的子矿物，流体包裹体中常见固体有石盐、钾盐等，其次有硫化物、硫酸盐、碳酸盐、磷酸盐、硅酸盐、硼酸盐和金属氧化物。包裹体的液相成分组成较为复杂，其主要成分为矿物形成时周围成岩成矿流体的主要成分，通常阴离子主要为 Cl^-、F^-、SO_4^{2-}等，阳离子主要为 Na^+、K^+、Ca^{2+}、Mg^{2+}等碱金属离子，同时还包含一些重金属组分。根据矿物形成时的流体化学性质，有色金属硫化矿的流体包裹体组分中必定含有其成矿主要组分之一的矿物同名金属离子，例如，硫化铜矿流体包裹体必定包含铜组分，闪锌矿流体包裹体中必定含有锌组分。同时，由于成矿过程中矿物之间的紧密共伴生关系及成矿流体的化学多样性，主矿物和主矿物之间、主矿物和脉石矿物之间或多或少都会捕获到彼此的部分成矿流体，具体情况视矿床性质而定。

迄今，地球化学领域对流体包裹体的研究主要集中在包裹体形态、冰点温度、氯化钠含量、流体性质及化学组成等方面，而对于流体的化学组成又重点集中在其中的碱金属组分研究，而对于其中的重金属组分研究得较少，这是因为地球化学领域的学者认为，矿物包裹体中存在矿物同名金属离子是必然的并且重金属离子的研究对成矿信息的贡献有限。虽然如此，也有少部分地质领域学者对包裹体中的重金属组分进行了研究，下面我们将以举例的形式进行介绍。这部分内容正好是矿物加工领域要重点关注的内容。

4.1 包裹体气相组成

各类矿床中矿物中流体包裹体的气相成分复杂多样，与矿床类型和当时的成矿环境密切相关，下面举例说明。

　　以近年来在中国碳酸盐岩中发现的大型密西西比河谷型(MVT)铅锌矿床——花垣铅锌矿床为例，地质学家们研究发现这个矿床的闪锌矿、方解石、重晶石和萤石中存在着很多的流体包裹体。其中，包裹体的直径大小为 5～15 μm、形状一般为长圆形和不规则无序分布，单相液体(L)包裹体是主体部分，气、液双相(L＋V)包裹体次之，气液比通常为 1%～3%。利用热爆-气相色谱法测定包裹体中气相物质组成，采用真空研磨-气相色谱法来分析气态烃（C_1～C_4 烷烃及烯烃），结果如表 4-1 和表 4-2 所示。

表 4-1　花垣铅锌矿床中闪锌矿和脉石中的包裹体气相组分特征 [a]（刘文均和郑荣才，1999）

矿物	样品特征	样数	H_2O/%	CO_2/%	短链碳氢化合物/%				H_2/%	CO/%
					烷烃		烯烃			
					甲烷	乙烷、丙烷、丁烷	乙烯、丙烯、丁烯			
闪锌矿	浅黄色	7	91.53	6.38	0.93	0.12	0.28		0.21	0.57
	棕色	3	94.79	4.30	0.65	0.04	0.09		0.04	0.11
	灰岩中矿石	6	93.92	4.60	0.86	0.04	0.11		0.08	0.39
	泥质灰岩中矿石	4	90.64	7.18	0.82	0.17	0.39		0.28	0.44
	北矿区	6	91.62	6.45	1.00	0.11	0.23		0.16	0.44
	南矿区	4	93.84	4.71	0.60	0.06	0.21		0.15	0.43
	平均值/%	10	92.51	5.75	0.84	0.09	0.22		0.16	0.44
脉石	北矿区	3	94.63	3.69	1.30	0.04	0.08		0.13	0.14
	南矿区	4	94.64	4.11	0.58	0.05	0.08		0.43	0.12
	平均值/%	7	94.64	3.93	0.89	0.05	0.08		0.30	0.13
全区平均值/%		17	93.38	5.00	0.86	0.07	0.16		0.22	0.31

注：表中数据指摩尔分数。

a 由于包裹体体积和物质含量低，部分测试数据误差较大，仅供参考。

表 4-2　花垣铅锌矿不同矿区矿物和脉石中的包裹体气相组分（刘文均和郑荣才，1999）

矿区	样品特征	气相组分摩尔分数/%				有机气相组分摩尔分数/%		
		CO_2	H_2O	H_2	CO	CH_4	$C_{2\sim4}H_{6\sim20}$	$C_{2\sim4}H_{4\sim6}$
耐子堡	灰岩中棕色闪锌矿	4.51	95.20	0.02	—	0.24	0.01	0.02
	泥质灰岩中浅色闪锌矿	6.97	89.61	0.25	1.23	0.95	0.34	0.65

续表

矿区	样品特征	氧相组分摩尔分数/%				有机气相组分摩尔分数/%		
		CO_2	H_2O	H_2	CO	CH_4	$C_2\sim_4H_{6\sim20}$	$C_2\sim_4H_{4\sim6}$
耐子堡	云化泥质灰岩中浅色闪锌矿	12.99	85.22	0.45	—	0.80	0.15	0.39
	灰岩中浅色闪锌矿	5.62	93.06	0.10	1.04	0.14	0.02	0.03
	灰岩中方解石	2.15	95.29	0.09	0.07	2.27	0.05	0.08
	灰岩中重晶石	1.14	98.66	0.03	—	0.14	0.01	0.03
半坡	灰岩中棕色闪锌矿	1.28	96.90	0.05	0.14	1.03	0.02	0.05
	灰岩中浅色闪锌矿	6.81	89.72	0.10	0.20	2.86	0.10	0.21
	灰岩中方解石	7.79	89.93	0.28	0.34	1.49	0.06	0.13
渔塘	灰岩中棕色闪锌矿	6.56	92.26	0.04	0.20	0.68	0.06	0.20
	灰岩中浅色闪锌矿	3.50	95.37	0.15	0.56	0.22	0.05	0.15
	泥质灰岩中浅色闪锌矿	6.49	91.34	0.26	0.29	1.12	0.13	0.36
	云化泥质灰岩中浅色闪锌矿	2.27	96.37	0.14	0.65	0.39	0.04	0.14
	灰岩中方解石	2.20	96.66	0.12	0.03	0.88	0.08	0.02
	灰岩中方解石	6.84	92.06	0.61	0.13	0.26	0.03	0.08
	泥质灰岩中方解石	3.60	86.90	0.48	0.49	8.22	0.48	0.04
	灰岩中方解石	2.61	95.40	0.71	0.33	0.73	0.07	0.16
	灰岩中白云石	4.77	94.43	0.27	—	0.46	0.01	0.05
平均值/%		5.00	93.38	0.22	0.31	0.86	0.07	0.16
标准差（δ）/%		3.00	3.34	0.20	0.36	0.75	0.08	0.16

注：异常结果未参与平均值计算。

通过以上分析可知，研究区域矿物中有很多气体存在于包裹体中，其中 CO_2 的含量为 1.14%~12.99%（摩尔分数），气态烃为 0.01%~8.22%。西藏阿里地区的多不杂铜矿床，是班公湖—怒江成矿带上发现的第一个大型铜矿床，矿区 8 件石英样品流体包裹体群体气相成分分析见表 4-3。三个成矿阶段的 8 件矿物流体包裹体群体气相组成中，H_2O 是主要的气相组成成分，其次是 CO_2，并且也有少量的 CH_4、C_2H_6、N_2、Ar 及 H_2S；随着成矿作用的进行，包裹体气相成分中的 H_2O 总体上逐渐降低，而 CO 则逐步升高；石英包裹体中 H_2O 和 CO_2 平均含量分别为 96.13% 和 2.71%，CH_4、C_2H_6、H_2S、N_2、Ar 含量较低。由于 H_2O 和 CO_2 这两种气体在成矿的各个阶段的石英包裹体气相成分中占据主要地位，表明这是在一种氧化环境中。

表 4-3　多不杂铜矿床流体包裹体气相成分分析结果（何阳阳等，2013）

样号	矿物	成矿阶段	气相成分含量（摩尔分数）/%							
			H_2O	N_2	Ar	O_2	CO_2	CH_4	C_2H_6	H_2S
DBZ060	石英	I	98.050	0.118	0.037	—	1.660	0.086	0.038	0.010
DBZ014			97.070	0.160	0.052	0.137	2.255	0.127	0.075	0.124
DBZ044	石英	II	98.020	0.145	0.045	0.006	1.598	0.106	0.053	0.028
DBZ045			97.430	0.154	0.045	0.041	2.036	0.122	0.113	0.059
DBZ059			97.750	0.106	0.033	0.068	1.839	0.084	0.049	0.071
DBZ025			91.670	0.147	0.052	2.731	3.456	0.152	0.072	1.720
DBZ031	石英、石膏	III	91.730	0.434	0.143	0.117	6.806	0.368	0.198	0.203
DBZ041			97.330	0.139	0.049	0.123	2.060	0.111	0.071	0.118

注：Ar 的结果仅供参考。

4.2　包裹体液相组成

包裹体的液相组成较为复杂，与矿床性质密切相关，是矿物加工领域重点研究内容，前面已经提到包裹体液相的主要成分为矿物形成时周围成岩成矿流体的主要成分，通常阴离子主要为 Cl^-、F^-、SO_4^{2-} 等，阳离子主要为 Na^+、K^+、Ca^{2+}、Mg^{2+} 等碱金属离子，同时还包含一些成矿的重金属组分。地质学领域重点关注其中的碱金属和碱土金属离子及阴离子的测定，对于重金属组分研究得不多，下面我们将举例来说明，表 4-4 所示为多不杂铜矿床流体包裹体的液相成分。

表 4-4　多不杂铜矿床流体包裹体液相成分分析结果（10^{-6}）（何阳阳等，2013）

样号	成矿阶段	阴离子含量			阳离子含量				水化学类型
		F^-	Cl^-	SO_4^{2-}	Na^+	K^+	Mg^{2+}	Ca^{2+}	
DBZ060	I	—	30.00	31.83	21.36	4.80	0.58	2.50	Cl^--SO_4^{2-}-K^+-Ca^{2+}-Na^+
DBZ014		—	16.35	113.04	18.15	5.58	0.69	2.25	Cl^--SO_4^{2-}-K^+-Ca^{2+}-Na^+
DBZ044	II	—	24.54	65.07	23.55	5.67	0.75	2.25	Cl^--SO_4^{2-}-K^+-Ca^{2+}-Na^+
DBZ045		—	26.58	73.44	21.66	4.53	0.58	2.00	Cl^--SO_4^{2-}-K^+-Ca^{2+}-Na^+
DBZ059		—	19.08	119.94	25.47	10.80	1.27	2.90	Cl^--SO_4^{2-}-K^+-Ca^{2+}-Mg^{2+}-Na^+
DBZ025		—	6.81	327.87	10.53	19.20	0.35	2.50	Cl^--SO_4^{2-}-K^+-Ca^{2+}-Na^+
DBZ031	III	—	17.73	114.21	23.40	10.80	1.13	2.35	Cl^--SO_4^{2-}-K^+-Ca^{2+}-Mg^{2+}-Na^+
DBZ041		—	24.90	99.21	28.11	7.53	0.95	3.69	Cl^--SO_4^{2-}-K^+-Ca^{2+}-Na^+

多不杂铜矿床主要有以下几个特征：首先，Cl^-、SO_4^{2-}、Na^+、K^+ 等离子较多，含有少量 Ca^{2+}、Mg^{2+}，F^- 未检测出；其次，Na^+ 在溶液中的浓度较高，并且 Cl^- 浓度也较高，由此可知有大量 NaCl 存在于流体中；最后，多不杂铜矿床流体的水化学类型为 $Cl^--SO_4^{2-}-K^+-Na^+-Ca^{2+}$，成矿流体中富含 Na、K、Ca 等元素。

江西西华山钨矿床是大脉型钨矿床，这个矿床的石英流体包裹体特别多，包裹体的体积较大，分布较广，包裹体最主要的部分是气相和液相，它们的体积特别大，包裹体长径基本在 $10\sim20~\mu m$，部分包裹体长径大于 $20~\mu m$，偶见包裹体长径大于 $70~\mu m$，包裹体气相和液相体积比一般在 5%～15%，少数达到 50%。其中包裹体液相成分如表 4-5 所示。

表 4-5　西华山钨矿床流体包裹体液相成分含量（10^{-6}）（许泰和李振华，2013）

样品号	岩石名称	矿物	F^-	Cl^-	SO_4^{2-}	Na^+	K^+	Mg^{2+}	Ca^{2+}	Na^+/K^+	F^-/Cl^-
431-1-2	石英脉钨矿	石英	1.32	4.44	17.8	7.41	1.98	<0.05	1.02	3.74	0.30
431-3-2	云英岩	石英	0.048	7.02	2.19	8.22	0.60	<0.05	<0.05	13.70	0.01
230-1-1	石英脉钨矿	石英	0.54	12.7	20.7	7.26	1.47	<0.05	<0.05	4.94	0.04
1167-3	石英脉	石英	0.075	5.49	2.52	7.8	0.48	<0.05	<0.05	16.25	0.01
1167-6	云英岩	石英	0.135	8.64	1.98	9.96	0.48	<0.05	<0.05	20.75	0.02
1167-7	石英脉钨矿	石英	0.129	3.78	1.47	5.76	0.75	<0.05	<0.05	7.68	0.03
1167-10	石英脉钨矿	石英	0.153	5.79	0.60	6.87	0.69	<0.05	0.30	9.96	0.03
1167-13	石英脉钨矿	石英	0.084	4.11	1.80	6.06	0.87	<0.05	<0.05	6.97	0.02
1167-15	石英脉钨矿	石英	0.261	5.4	17.9	8.85	3.18	<0.05	<0.05	2.78	0.05
1124-1	黄铁矿化石英脉	石英	0.138	3.96	1.02	5.64	0.90	<0.05	<0.05	6.27	0.03
1124-3	石英脉钨矿	石英	0.162	3.36	1.41	5.19	1.05	<0.05	<0.05	4.94	0.05
1185-16	石英脉	石英	0.084	6.54	0.93	8.67	1.14	<0.05	<0.05	7.61	0.01
1223-2	石英脉钨矿	石英	0.129	1.92	1.38	3.96	1.38	<0.05	<0.05	2.87	0.07
1264-5	石英脉	石英	0.132	20.9	1.86	9.46	1.86	<0.05	<0.05	5.09	0.01

注：测试单位为中国科学院地质与地球物理研究所流体包裹体实验室，测试者为朱和平。

液相成分分析结果显示，阴离子的特点主要是：$Cl^- > SO_4^{2-} > F^-$，Cl^-和SO_4^{2-}在样品中的含量都高于F^-含量；阳离子方面主要是$Na^+ > K^+$，其他离子含量极少，所以西华山钨矿床是低盐度的，水化学类型是Na^+-K^+-Cl^--SO_4^{2-}。石英脉石中F^-/Cl^-的值最小，但是钨矿中F^-/Cl^-却最大，这说明钨浓度和氟浓度在液相中成正比；Na^+/K^+值比 1 大，这说明溶液中 Na 较多，可以认为$Na^+/K^+ > 1$的流体大多数为岩浆成因流体。

虽然包裹体中的碱金属、碱土金属离子组分和氟、氯等阴离子组分对矿物加工浮选的意义不像铜、铅等重金属离子影响那么大，但是这些组分却可以作为磨矿过程中包裹体组分释放的一个有力证据，同时很多研究也表明钙、镁等离子的存在对浮选也存在不小的影响，尤其在氧化矿浮选中，当采用脂肪酸捕收剂时会造成捕收剂的大量消耗。

4.3　包裹体固相组成

矿物包裹体内的固相物质通常是指包裹体所包含的子矿物，它是由流体或熔融体在相对封闭体系中直接生长的固相。当子矿物在溶液中有较大生长空间时，它一般为自行晶，当在熔融体中时，子矿物从内腔的壁上流出，并依据吉布斯相律演化。研究结果表明，子矿物主要是卤化物，其次是一些硫化物，还有一些其他的盐类和金属氧化物；流体-熔融体包裹体大部分是硅酸盐，主要是由硅酸盐类物质和一些矿物结合在一起。随着扫描电子显微镜-能谱分析（SEM-EDS）、电子探针微分析仪（EPMA）等高端分析技术的不断发展，最近几年热液矿床包裹体中子矿物的研究取得了非常显著的进展，流体包裹体中金属子矿物报道最多的是黄铜矿子矿物，这种子矿物一般存在于斑岩铜矿床高盐度包裹体中，其次存在于某些包裹体中的闪锌矿、黄铜矿和黄铁矿子矿物中。

以陕西太白金矿为例，谢玉玲等采用 SEM-EDS 对太白金矿中的流体包裹体进行了研究，获得了含铁白云石流体包裹体中子矿物的扫描电子显微镜照片，如图 4-1 所示。

实验人员选择的是含有很多子矿物的石英样品，通过研究得出了以下几种主要的子矿物。首先是体态为立方体或柱体的一些单晶的矿物，能谱分析可知 Ca、Mg、Fe 峰值较高，（Mg + Fe）/Ca 为 0.729～0.833，Fe/Mg 为 1.07～1.27（表 4-6），所以定为铁白云石；其次是多晶结构的，形态复杂的子矿物经能谱分析为铁白云石和石盐；最后有一些子矿物多呈单晶，如有一定晶形的黄铁矿、毒砂和铁白云石。

在矿物表面上呈现不透明的子矿物经观察为淡黄色，所以子矿物为金属矿物，

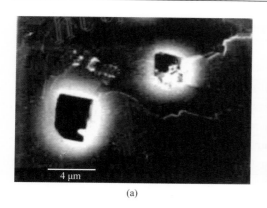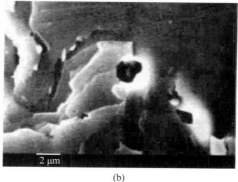

（a）　　　　　　　　　　　　　　　　（b）

图 4-1　含铁白云石流体包裹体中的子矿物扫描电子显微镜照片（谢玉玲等，2000）

（a）含铁白云石中单晶的铁白云石子矿物；（b）含铁白云石中黄铁矿子矿物

为了使子矿物便于进行电子探针分析，要对子矿物进行仔细的抛光，使其恰好露出表面，对较小的子矿物进行电子探针分析时，剔除周围主矿物来规避对实验结果的影响，由结果可知，其表面的子矿物都是黄铁矿（表 4-7），表 4-6 SEM-EDS也证实了呈不完好晶形的黄铁矿子矿物的存在。

表 4-6　太白金矿含铁白云石流体包裹体中子矿物 SEM-EDS（谢玉玲等，2000）

样号	T440-2		T210-1*		T210-2*		T210-3		T552-2*	
	质量分数/%	原子浓度/%	质量分数/%	原子浓度/%	质量分数/%	原子浓度/%	质量分数/%	原子浓度/%	质量分数/%	原子浓度/%
Fe	30.851	30.259	46.14	32.96	—	—	23.129	15.390	23.59	16.06
S	19.872	33.953	53.86	67.04	—	—	0.158	0.183		
Na	—	—			35.05	45	0.00	0.000		
Cl	—	—			64.95	55	0.903	0.947		
Si	—	—					0.352	0.466		
Ca	—	—					53.785	49.871	57.84	54.89
Mg	—	—					21.681	33.143	18.57	29.05
Zn	0.550	0.461								
As	47.882	35.009								
Te	0.557	0.239								
Pb	0.296	0.078								
总计	100.008	99.999	100.00	100.00	100.00	100.00	100.008	100.000	100.00	100.00
主矿物	石英		含铁白云石		含铁白云石		含铁白云石		含铁白云石	
子矿物	毒砂		黄铁矿		石盐		铁白云石		铁白云石	

注：SEM-EDS 仪器：扫描电镜为 S-250MK3 型，能谱仪为 AN10000 型，仪器分辨率达 50 A；"—"表示未测；*对原始数据进行杂质剔除，再进行百分含量计算。

表 4-7 太白金矿含铁白云石流体包裹体中子矿物电子探针分析结果（谢玉玲等，2000）

样号	T590[*]		F15[*]	
	质量分数/%	原子浓度/%	质量分数/%	原子浓度/%
Fe	45.73	32.84	45.88	33.11
S	53.40	66.81	52.35	65.83
Co	0.05	0.04	0.20	0.14
Ni	0.00	0.00	0.62	0.43
Zn	0.16	0.10	0.27	0.17
As	0.14	0.08	0.46	0.25
Te	0.19	0.06	0.12	0.04
Au	0.13	0.03	0.00	0.00
Ag	0.06	0.02	0.10	0.04
Pt	0.13	0.03	0.00	0.00
总计	99.99	100.01	100.00	100.01
子矿物	黄铁矿		黄铁矿	

注：EPMA 仪器：JCXA-733 电子探针和 Link860-2 能谱仪；加速电压 15 kV，激发束斑直径 0.5 μm；精度：误差小于 1%；*对原始数据进行杂质剔除，再进行百分含量计算。

4.4 流体包裹体中金属组分研究

4.4.1 成矿流体中重金属元素含量的分析计算

地质学中，定量分析和计算重金属元素在成矿流体中的含量对认识热液金属矿床的形成机制及过程具有重要意义，对矿物加工领域而言，对估算液相组分中重金属含量也有一定借鉴意义。通过提取有代表性的原生流体包裹体组分液，用成分分析的方法得到最初成矿流体的成分。因为所得溶液是已经被稀释了上千倍的，所以要进行溶液浓度的还原。下面将从包裹体组分液提取、组分浓度分析及如何根据所测浓度进行成矿流体中金属含量的估算方面进行介绍。

1. 样品的选取

正确选择样品是分析和计算成矿流体中金属元素的第一步，样本选择的基本原则是：①热液金属矿床是必须选择的矿床，必须明确成矿期和成矿阶段；②选用主要的成矿时的矿物，这样可以更好地分析矿床的成矿过程；③应该选择含有较多原生流体包裹体的样品，并且成矿流体越多越符合要求，这样既节省了样品又能提高实验的准确性。

2. 样品的制备

得到高精度分析结果的最主要过程是样品制备，首先是要确保样品的纯度，单个矿物颗粒的纯度应高于 98%，纯度越高越好，同时还要保证主矿物与其他矿物间不产生污染。在实际研究中通常选择在成熟期形成的矿物，包裹体的大小决定样品破碎的粒度，如果破碎粒度过小会让一些包裹体在破碎过程中破裂，造成浪费；然而粒度过大，则给以后的实验带来阻碍，有时候会使一些包裹体不能使用。实际操作中，一般将单矿物样品粒度破碎到 0.2～0.4 mm（相当于 40～60 目），既达到防止资源浪费的效果，又保证了矿物中的流体包裹体能大部分爆裂打开。然后，把样品放到试剂中浸泡，以便除去矿物颗粒表面及裂隙中的杂质等污染物质，石英在稀盐酸中、方解石在王水中浸泡一至两天，再用二次去离子水清洗至溶液 pH 为 7。最后，把样品过滤再烘干称量，实验所需的样品为 5 g 以内，一般的步骤是把样品在 550℃下爆裂然后加去离子水，在超声波下清洗 4～5min，再进行离心过滤，十几分钟后获得待测液。

3. 样品测试

采用的仪器为 JY-385 型等离子体原子发射光谱仪和 ELEMENT 型高分辨率等离子体质谱仪，它们对常见的如铜、铁、铅、锌、金和银等重金属元素的检出上限均达到了 1.0×10^{-9}。

4. 稀释倍数及浓度换算

滤液中测出重金属元素的浓度不能代表原始成矿流体中的浓度，因为测出的浓度是流体包裹体溶液被稀释了上千倍的重金属元素的浓度，所以必须换算浓度。进行稀释倍数换算时一定要结合之前计算出的样品中的水的质量或者容量。由于水的密度 $\rho \approx 1$ g/cm^3，1 mg 水约为 1 μL 水的质量，所以稀释倍数（X）的计算公式如下

$$X = V \cdot \rho \cdot 1000/(M_1 \cdot m_2/m_1) = V \cdot \rho \cdot m_1/(M_1 \cdot m_2) \times 10^3$$

式中，m_1 为包裹体气相分析时样品质量；m_2 为样品中水的质量；M_1 为提取测试滤液时所用的样品质量；V 为所测滤液的总体积。

设 C_1 为实测的滤液中重金属元素的浓度（10^{-6} 量级），C_0 为原始的成矿热液中重金属元素的浓度（10^{-6} 量级），若计算出了稀释倍数，则 C_0 也可用如下公式算出

$$C_0 = X \cdot C_1 = V \cdot \rho \cdot m_1 \cdot C_1 / (M_1 \cdot m_2) \times 10^3$$

根据此方法，实验人员对天马山硫金矿和大团山铜矿中的重金属元素进行了测定，表 4-8 所列为经计算后的原始成矿流体中重金属元素的含量。

表 4-8　原始成矿流体中重金属元素的含量（10^{-6}）（李学军等，1998）

矿床	成矿期成矿阶段	样号	w（Zn）	w（Pb）	w（Au）	w（Cu）	w（Fe）	w（Ag）
天马山硫金矿床	氧化物阶段	TM-25/3-4-2	0.68	<7.5	<5.36	41.27	23.58	8.04
	硫化物阶段	TM-5/4-5-2	0.80	<5.61	<4.01	20.45	32.88	8.42
	硫化物阶段	TM-55/3-2	<1.37	<9.56	<6.83	28.69	45.08	13.66
	碳酸盐阶段	TM-95/38-6	3.31	<5.47	<3.91	62.56	16.81	6.26
大团山铜矿床	石英硫化物期	DT-460/23-6	59.51	4.91	<3.27	114.45	1023.18	10.79
	石英硫化物期	DT-460/25-3	135.30	<5.31	<3.79	268.17	1684.66	12.89
	石英硫化物期	DT-460/25-4	201.70	<5.61	<4.01	433.88	1960.49	14.84

由表 4-8 可知，两矿床中的流体包裹体中含有丰富的 Zn、Pb、Au、Cu 等重金属组分，重金属组分含量波动较大，总体在 10^{-3}～10^{-6} 数量级范围。对于天马山硫金矿床，由于氧化物阶段的温度和压力相对较高，锌和铜的总含量在成矿流体中相对较高；在硫化物阶段，物理和化学条件随着温度的下降也发生改变，铜和锌的总含量降低，铁含量增加；在碳酸盐阶段，铁含量低说明了此阶段的黄铁矿较少的事实，同时铜、锌含量增加，可知铜、锌元素有活化的现象。在硫化物阶段和碳酸盐阶段，银的含量分别为最高和最低。因为金、银性质相近，所以银的含量也能够反映金的含量。通过以上分析可知，天马山硫金矿的主要成矿时期为硫化物阶段。

在石英硫化物期成矿流体中的各种重金属元素（除银外）含量，大团山铜矿床普遍比天马山硫金矿床高 1～2 个数量级，主要成矿元素铜在成矿流体中的含量达 400×10^{-6} 以上，铁在 1000×10^{-6} 以上，这使铜矿物的沉淀和铜矿床的形成有了物质基础。同时，银的含量与天马山硫金矿床硫化物阶段银的含量相近或略高，也为大团山铜矿中含有较多金、银奠定了基础。其实，大团山铜矿床中主要伴生物质组成就是金和银。在铜矿石中金的品位为 0.4～0.9 g/t，银的品位为 10～15 g/t；在铜精矿中，金的品位达 8 g/t，银的品位达 182 g/t。

4.4.2　铜金矿中流体包裹体金属组分研究

安徽铜陵冬瓜山铜金矿床主要开采金矿和铜矿。其中铜含量为 0.94 Mt，金为 22 t，铜的品位约为 1%，金为 0.24 g/t，同时发育层控夕卡岩型和斑岩型矿体。研究者选择了钾长石化阶段、夕卡岩化阶段、早石英硫化物阶段和晚石英硫化物阶段矿石中石英的原生流体包裹体进行了 ICP-MS 分析，分析测试方法如下。

在矿石光片和岩相学观察的基础上，选择了来自四个成矿阶段的 12 件冬瓜山矿的样品，对这些样品进行挑选、破碎和洗涤，然后选出石英，最后再测出包裹体中的微量元素组成。经测试得到石英矿物的粒度为 40～60 目，质量为 5 g 且纯度达到 99%。

实验时，首先把提纯的石英放在 80℃下的稀盐酸中浸泡 1 h，静置过夜，然后去酸，把样品烘干并准确称取 3 g 样品；为了避免其他包裹体的干扰，先把样品放在 100℃下破裂，然后把温度升高至 400℃，15 min 之后停止冷却，再加入 3 mL 含 Rh $[w(Rh) = 1 \times 10^{-9}]$ 的 5% HNO_3 溶液后超声振荡 15 min，离心处理后封存备用。将样品放在 Finnigan MAT 生产的 ELEMENT 型 ICP-MS 上进行分析。冬瓜山矿床不同阶段石英中的流体包裹体的微量元素组成见表 4-9。

表 4-9　铜陵冬瓜山矿床不同矿化阶段石英流体包裹体微量元素组成（10^{-9}）（徐晓春等，2008）

成矿阶段	钾长石化阶段		夕卡岩化阶段		早石英硫化物阶段				晚石英硫化物阶段				中国陆壳元素丰度
样品序号	1	2	3	4	5	6	7	8	9	10	11	12	
Li	2.56	11.74	4.58	42.25	39.47	8.31	3.94	2.70	17.47	3.33	14.50	1.86	44
Be	0.21	0.65	0.24	0.24	0.75	2.17	0.18	0.13	1.39	0.23	0.20	0.10	4.4
Se	0.30	0.41	0.12	0.68	1.21	0.35	0.08	0.12	1.14	0.62	0.11	0.14	11
Ti	33.48	32.17	3.60	21.54	20.43	83.89	8.72	5.16	14.62	6.46	2.87	12.35	6600
V	5.40	61.69	1.64	12.51	64.79	7.15	3.59	9.85	30.64	30.55	10.33	9.32	99
Cr	0.82	1.08	0.98	1.29	29.70	10.18	2.11	2.49	5.20	2.29	0.79	1.04	63
Mn	146.68	246.95	203.56	74.06	118.00	756.98	519.44	544.47	412.25	405.54	231.46	323.25	780
Co	0.92	2.61	0.41	0.50	18.06	0.88	0.76	0.59	2.05	1.95	1.75	0.60	32
Ni	0.50	2.91	1.13	1.13	2.80	0.46	0.54	0.73	1.72	5.60	3.04	1.04	57
Cu	83.16	392.53	29.36	58.04	1776.48	203.18	127.43	204.82	200.02	84.42	323.29	394.53	38
Zn	34.26	44.40	43.02	16.06	31.44	70.26	109.33	109.47	57.53	86.40	44.42	45.71	86
Ca	0.74	3.43	0.35	1.24	22.16	7.51	1.41	0.48	6.81	0.87	0.38	0.35	20
Rb	18.01	35.95	16.24	18.59	35.99	243.39	81.19	81.51	20.85	25.23	24.74	18.32	150
Sr	99.62	36.77	85.67	83.56	1903.26	106.04	82.43	115.13	2009.96	54.18	28.56	26.28	690
Y	1.32	8.38	0.27	1.53	1.46	5.31	0.40	0.48	10.58	0.81	0.39	0.63	27
Mo	4.70	495.65	0.17	37.61	3.94	9.12	103.70	304.73	48.11	3.33	350.15	0.35	2
Cd	0.25	0.36	0.35	0.12	0.37	1.49	1.13	1.19	0.60	0.68	0.37	0.46	550
Sn	0.03	0.03	0.03	0.03	0.13	0.05	0.05	0.05	0.03	0.06	0.02	0.01	4.1
Sb	0.46	1.59	2.49	2.56	0.27	1.84	0.79	1.28	3.84	0.69	1.38	0.22	0.15
Ca	8.03	4.26	6.95	1.44	1.54	14.99	23.54	22.99	4.87	7.45	9.37	5.90	3.7
Ba	4.77	0.64	1.14	1.48	55.10	1.30	1.16	3.91	3.19	1.35	1.16	0.18	610
Re	0.00	0.24	0.00	0.01	0.00	0.00	0.02	0.15	0.05	0.00	0.11	0.00	0.0005
Ti	0.35	0.31	0.23	0.12	0.48	2.16	0.91	1.03	0.41	0.26	0.41	0.24	0.61

续表

成矿阶段	钾长石化阶段		夕卡岩化阶段		早石英硫化物阶段				晚石英硫化物阶段				中国陆壳元素丰度
样品序号	1	2	3	4	5	6	7	8	9	10	11	12	
Pb	25.30	34.10	39.56	13.79	16.32	177.64	90.31	147.46	81.06	101.09	40.85	34.76	15
Bi	5.48	23.97	7.04	1.15	7.54	12.30	12.45	9.77	6.88	7.94	3.55	3.92	0.127
Th	0.47	0.89	3.22	13.70	0.63	0.20	0.06	0.22	54.66	0.78	0.38	0.03	17
U	0.27	1.52	0.23	1.36	2.16	0.16	0.11	0.17	5.67	0.31	0.14	0.08	5.6

由表 4-9 得到，冬瓜山矿床各成矿阶段的金属元素 Cu、Pb、Zn、Mo、Bi、Sb 等含量都较高，可知金属元素富集明显。最高的 Cu 含量达 1776.48×10^{-9}，平均为 0.32×10^{-6}。最高的 Pb 含量达 177.64×10^{-9}，平均为 66.85×10^{-9}，Zn 含量最高为 109.47×10^{-9}，平均为 57.69×10^{-9}。通过分析流体包裹体的微量元素，发现成矿流体为矿质富集的热液流体，且各成矿阶段热液流体中的成矿元素含量高低的变化与相同阶段的矿化程度及矿石品位变化相一致，早石英硫化物阶段是矿质集中聚集的最好阶段，晚石英硫化物阶段可能有浅部热液流体的混入。

4.4.3　铅锌矿中流体包裹体金属组分研究

位于云南怒江州的兰坪金顶铅锌矿床是我国有名的大型铅锌矿床，同时在世界上也是发现最晚的沉积岩型铅锌矿。金顶矿区的矿石主要为砂岩和角砾岩，还伴随着一些脉石，有 30 多种原生矿物在金顶矿区中被发现。在原生矿石中有很多常见的硫化物，如黄铁矿和闪锌矿等，也含有少量的白铁矿和黄铜矿等。硫化物的粒度为 0.05～0.1 mm，方铅矿粒度约为 1 mm，相对来说较粗。在晚期的热矿液相脉石中也有很多粗晶，如天青石黄铁矿等。石英大部分处于单体状态，比较碎，只有很少的一部分是成矿早期形成的。而硫化物一般与一些脉石结合在一起。

对金顶矿区的闪锌矿以及和矿石矿物共生的脉石矿物中的原生流体包裹体的研究表明，其包裹体大部分为椭圆形，其他的为不规则的形状，大小（长径）在 2～16 μm，平均为 8 μm，包裹体通常是气相和液相，气液比为 10%～80%，平均为 43%。利用热爆提取和电感耦合等离子体质谱（ICP-MS）方法对金顶矿区不同矿化阶段的单矿物流体包裹体中的微量元素进行组分分析，结果如表 4-10 所示。

表 4-10　金顶矿区不同矿化阶段单矿物流体包裹体微量元素成分（除 REE 外）含量（10^{-9}）
（曾荣等，2006）

矿化阶段	第一矿化阶段			第二矿化阶段			第三矿化阶段		
样品号	JY15	JY16	JY17	NC14	BC54	J-23	BC60	J-7-21	NC5
寄主矿物	石英	石英	石英	方铅矿	方铅矿	方铅矿	方铅矿	黄铁矿	黄铁矿
Li	11.911	3.968	6.109	4.593	3.646	2.334	2.568	24.356	9.742
Be	1.008	1.007	1.03	0.986	0.997	0.991	1.006	1.005	1.051
Rb	0.865	1.009	3.745	0.113	0.253	—	0.077	0.367	1.163
Sr	6.393	4.592	24.744	1131.927	20190.923	298.129	679.174	148.091	214.708
Cs	0.151	0.089	0.163	0.004	0.037	0.036	0.026	0.116	0.197
Ba	714.953	568.627	1145.542	25.724	44.188	5.571	124.64	51.695	8.601
Sc	0.982	0.982	1.016	1.017	1.048	0.988	1.27	1.106	1.248
Ti	11.623	10.718	11.435	9.272	9.891	8.956	11.489	11.998	27.112
V	0.458	1.229	1.629	0.526	0.693	0.014	2212	5.482	14.833
Cr	3.467	3.152	2.147	21.027	18.111	9.917	13.291	13.709	37.898
Mn	22.138	20.682	21.152	655.328	938.114	459.632	26004.275	11907.387	12437.279
Co	8.467	0.07	1.654	45.98	0.471	1.111	21.675	49.973	33.561
Ni	2.806	3.052	2.679	11.297	3.248	1.035	27.359	222.443	16.107
Cu	36.409	1.465	*15.143	0.254	43.915	—	47.498	26.031	16.202
Zn	19.314	13.594	14.016	3545.56	6429.208	16584.122	23269.456	2361.372	29331.81
Ga	0.257	0.292	0.42	0.11	0.431	0.008	0.732	3.147	5.884
Cd	0.105	0.058	0.111	109.155	188.642	431.675	1983.042	23.228	1658.636
Sn	0.281	0.223	0.155	0.233	0.068	0.174	2.258	0.514	0.146
Sb	273.086	0.606	4.293	0.654	6.902	0.104	276.017	18.013	5.227
Ti	0.917	1.013	2.082	22.864	11.199	14.826	14.724	1439.265	1715.567
Zr	0.556	0.342	0.769	0.056	0.245	0.034	1.67	0.493	1.503
Nb	0.088	0.124	0.062	0.002	0.018	—	0.007	0.086	0.077
Mo	2.16	0.845	1.219	69.146	19.216	0.747	55.749	32168.919	5838.986
Hf	0.058	0.041	0.056	0.002	0.034	0.002	0.045	0.2	0.045
Ta	0.002	0.001	0.001	0.001	0.013	0.001	0.001	0.031	0.008
W	0.493	1.049	0.609	0127	0.78	0.115	0.889	1.025	0.309
Re	0.006	0.005	0.003	0.166	0.081	0.012	0.031	0.984	23.892
Th	0.052	0.033	0.175	0.035	0.105	0.01	0.225	0.035	0.226
U	0.443	0.517	0.946	4.073	5.572	0.08	0.797	0.204	3.981

　　从表 4-10 中可知，石英包裹体中 Ba、Cu、Sb、Zn 含量都较高，在方铅矿的包裹体中 Ba、Sr、Mn、Co、Ni、Cu、Zn、Cd、Sb、Mo 等元素富集量都较高。黄铁矿包裹体中 Sr 元素稍有富集，成矿元素 Ti、V、Cr、Mn、Co、Ni、Cu、Zn、Cd、Ti、Mo 也较富集，其中 Mn、Zn、Ti、Mo 富集的量最高。这三种包裹体都有成矿流体富集成矿元素的特质，其中值得注意的是方铅矿流体包裹体中锌的含量普遍较高，最高值为 2.32×10^{-5}；黄铁矿流体包裹体中锌的含量约为 2.93×10^{-5}，这表明方铅矿和黄铁矿成矿时不可避免地捕获到了部分闪锌矿的成矿流体。

　　Wilkinson 等研究了爱尔兰和北美 Northern Arkansas 两个地区铅锌矿中的闪锌矿及石英中流体包裹体的金属元素的含量。结果显示，闪锌矿流体包裹体中的铅含量通常很高，甚至比石英中的流体包裹体高两个数量级，根据铅和锌含量的相关性，推测出闪锌矿中的流体包裹体内也含有较高含量的锌（图 4-2）。

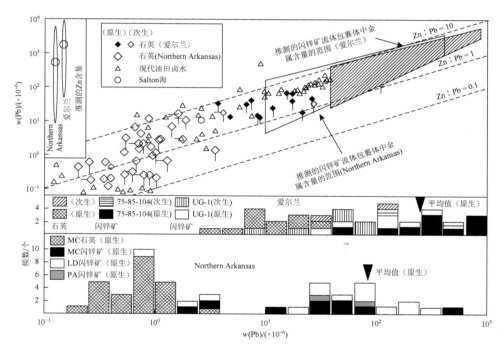

图 4-2　爱尔兰及北美 Northern Arkansas 两地区铅锌矿石英及闪锌矿流体包裹体中金属元素的含量（Wilkinson et al.，2009）

4.4.4　石英黄铁矿中群体包裹体金属组分研究

　　胶东焦家式金矿床中除了常见的银金矿、自然金、自然银等矿石矿物以外，金属矿物主要有黄铁矿，还有一些方铅矿和磁铁矿等，有的也含有少量的毒砂和白铁矿等不常见矿物。脉石主要是石英、白云石和重晶石等。对胶东焦家、马塘、东季和红布金矿床的黄铁矿、石英及其群体包裹体中微量元素组成运用 ICP-MS 技术进行了研究。具体方法是：将挑选出的石英和黄铁矿包裹体先进行洗涤，然后在 150℃下烘干去除次生包裹体，再在 500℃下破裂 15 min 后冷却，最后加入 3 mL 浓度为 5%的硝酸溶液后超声振荡、离心。浸取液用 Rh $[w(Rh) = 1 \times 10^{-9}]$ 做内标，待上机测定，结果如表 4-11 所示。

表 4-11 石英包裹体及黄铁矿包裹体的微量元素含量（10^{-12}）（李厚民等，2004）

微量元素	石英				黄铁矿			
	Jch20	Jch59	Mb16	Mb32	Jch20	Jch59	Mb16	Mb32
Li	1046	23618	19934	3868	8090	4269	1041	1849
Rb	6045	21685	26135	17749	2557	674	404	432
Ca	149	494	308	297	321	140	50	72
Sr	534397	182720	70914	152995	11171	8639	8293	30549
Ba	1813433	236251	71650	598787	2073	137	1010	1773
Y	87	1824	1638	3235	303	4946	3924	1090
Th	57	72	813	498	95	1138	12728	515
U	30	311	457	227	22	154	2084	95
W	94	24	32	9	64	330	172	65
Sc	16	32	157	32	17	32	46	3
Ti	4493	13677	18131	53994	6719	8015	7651	12956
V	538	1281	1237	734	249	518	5119	149
Mn	19355	50851	84292	595241	14590	40636	2171	110818
Co	11109	1125	20629	13474	468647	8845	92888	53964
Ni	8028	7272	4868	1994	173100	19996	171234	6082
Cu	18883	1677969	8573670	506828	727523	8998255	804168	4754765
Zn	32923	99175	17635	42724	8451	285378	3309	13155
Pb	13566	38852	127190	54089	4239588	3245663	1511135	3785021
Ag	58	2674	1200	939	86487	37819	3218	29390
Cd	90	116	54	50	673	913	587	371
Bi	972	4484	8357	3539	3978468	301631	532787	1137482
Ga	513	1196	1796	1105	71	2207	651	173
Au	12	—	—	—	172	379	127	23

结果表明，黄铁矿包裹体与石英包裹体均富集 Cu、Pb 和 Zn 等成矿元素，反映了成矿流体的特征。其中，石英中铜含量最高约为 8.57×10^{-6}，平均为 2.69×10^{-6}，石英中铅含量最高约为 1.27×10^{-7}，平均为 5.84×10^{-8}，石英中锌含量最高

约为 9.92×10^{-8}，平均为 4.81×10^{-8}；黄铁矿中重金属组分含量较高，其中铜含量最高约为 9.00×10^{-6}，平均为 3.82×10^{-6}，黄铁矿中铅含量最高约为 4.24×10^{-6}，平均为 3.19×10^{-6}，锌含量最高约为 2.85×10^{-7}，平均为 7.75×10^{-8}。

　　位于豫陕边界的小秦岭金矿田是我国著名的金成矿区带，这个矿区中的大部分含金石英脉是以单脉状被开采出来的。选择典型的石英样品，运用 ICP-MS 方法对包裹体中的微量元素（包括稀土元素）组成进行了分析，测得石英样品粒度为 40～60 目，样品质量为 5 g 左右，样品纯度大于 99%。样品的预处理步骤为：为了消除次生包裹体的影响，在 100℃下爆裂释放一次，然后在 400℃下爆裂 15 min 后冷却，再加入 3 mL 5%硝酸溶液，超声振荡 15 min 后离心，然后将液体倒入洁净的仪器中进行测试。测试的仪器是 ELEMENT 型等离子体质谱仪，是由 Finnigan MAT 制造的。测试结果如表 4-12 所示。

表 4-12　小秦岭文峪—东闯金矿石英流体包裹体的微量元素（除 REE 外）含量（10^{-6}）
（徐九华等，2004）

微量元素	DC-10-2	DC-17-2	WY1687-9	WY1584-4
	V507 2110 m 黄铁矿石英脉（Ⅰ）	V507 1940 m 黄铁矿方铅矿石英脉（Ⅱ）	V505 1687 m 多金属硫化物石英脉（Ⅲ）	V507 1584 m 粗晶方铅矿石英脉（Ⅳ）
Li	55.32	40.95	18.54	34.30
Ti	52.49	36.39	50.87	7.70
V	0.22	0.96	4.87	0.23
Cr	5.06	20.89	7.81	1.84
Mn	143.38	164.54	104.0	33.88
Fe	41085	16558	63295	663.0
Co	25.06	8.18	43.38	0.0658
Cu	14168	3694	26971	120.1
Zn	401	88.07	551.2	53.52
Sr	244.1	190.2	306.9	232.2
Y	0.130	0.320	0.369	0.0542
Zr	0.104	0.132	0.60	0.028
Nb	0.0078	0.0058	0.147	0.0068
Mo	17.64	7.87	1.10	0.47
Rh	216.97	295.7	1341.4	91.66
Cs	29.75	35.59	32.27	27.42
Ba	53.31	47.13	89.46	113.67
W	13.34	4.41	5.11	2.05
Pb	3189	560.5	1115.3	94.1

续表

微量元素	DC-10-2 V507 2110 m 黄铁矿石英脉 （Ⅰ）	DC-17-2 V507 1940 m 黄铁矿方铅矿石英脉 （Ⅱ）	WY1687-9 V505 1687 m 多金属硫化物石英脉 （Ⅲ）	WY1584-4 V507 1584 m 粗晶方铅矿石英脉 （Ⅳ）
Bi	1.614	1.178	2.66	0.140
Th	0.073	0.056	0.045	0.038
U	0.0301	0.065	0.088	0.011
Mo/W	1.323	1.785	0.215	0.229
Cu/Zn	35.332	41.944	48.931	2.243
Pb/Zn	7.953	6.364	2.023	1.759
Pb/Cu	0.225	0.152	0.041	0.784
Sr/Ba	4.579	4.037	3.431	2.043

　　结果表明，该矿区石英流体包裹体中富含多种金属组分，且金属组分含量与其周围共生的金属硫化物即主矿物密切相关，不同金属硫化物产出的脉石石英中流体包裹体所含的金属组分浓度相差较大。采用热爆法测得的黄铁矿石英脉中 Cu、Pb、Zn、Fe 的含量分别约为 1.42×10^{-2}、3.19×10^{-3}、4.01×10^{-4}、4.11×10^{-2}；黄铁矿方铅矿石英脉中 Cu、Pb、Zn、Fe 的含量分别约为 3.69×10^{-3}、5.60×10^{-4}、8.81×10^{-5}、1.66×10^{-2}；多金属硫化物石英脉中 Cu、Pb、Zn、Fe 的含量分别约为 2.70×10^{-2}、1.12×10^{-3}、5.51×10^{-4}、6.33×10^{-2}；粗晶方铅矿石英脉中 Cu、Pb、Zn、Fe 的含量分别约为 1.20×10^{-4}、9.41×10^{-5}、5.35×10^{-5}、6.63×10^{-4}。

参 考 文 献

何阳阳，温春齐，刘显凡，等. 2013. 多不杂铜矿床包裹体气液相成分分析[J]. 金属矿山，（3）：108-110.

李厚民，沈远超，毛景文，等. 2004. 石英黄铁矿中群体包裹体微量元素研究——以胶东焦家式金矿床为例[J]. 地质科学，39（3）：320-328.

李晓春，范宏瑞，胡芳芳，等. 2010. 单个流体包裹体 LA-ICP-MS 成分分析及在矿床学中的应用[J]. 矿床地质，29（6）：1017-1028.

李学军，杜杨松，杜勋. 1998. 成矿流体中重金属元素含量的分析计算[J]. 地学前缘，2：333-334.

刘文均，郑荣才. 1999. 花垣铅锌矿床包裹体气相组份研究——MVT 矿床有机成矿作用研究（Ⅱ）[J]. 沉积学报，17（4）：608-614.

谢玉玲，徐九华，李树岩，等. 2000. 太白金矿流体包裹体中黄铁矿和铁白云石等子矿物的发现及成因意义[J]. 矿床地质，19（1）：54-60.

徐九华，谢玉玲，刘建明，等. 2004. 小秦岭文峪—东闯金矿床流体包裹体的微量元素及成因意义[J]. 地质与勘探，40（4）：1-6.

徐晓春，陆三明，谢巧勤，等. 2008. 安徽铜陵冬瓜山铜金矿床流体包裹体微量元素地球化学特征及其地质意义[J]. 岩石学报，24（8）：1865-1874.

许泰，李振华. 2013. 江西西华山钨矿床流体包裹体特征及成矿流体来源[J]. 资源调查与环境，34（2）：95-101.

曾荣，薛春纪，高永宝，等. 2006. 云南金顶铅锌矿床成矿流体的微量元素研究[J]. 矿物岩石，26（3）：38-45.

Gu L，Zaw K，Hu W，et al. 2007. Distinctive features of Late Palaeozoic massive sulphide deposits in South China[J]. Ore Geology Reviews，31（1）：107-138.

Wilkinson J J，Stoffell B，Wilkinson C C，et al. 2009. Anomalously metal-rich fluids form hydrothermal ore deposits[J]. Science，323（5915）：764-767.

第5章 硫化矿流体包裹体组分释放

在多金属硫化矿的分离浮选中，通常难以获得单一合格精矿，各精矿中金属互含现象较为普遍，其中一个重要的原因就是矿浆溶液中存在大量不可避免的金属离子，如 Cu^{2+}、Pb^{2+}、Zn^{2+}、Ca^{2+}、Mg^{2+}等，这些金属离子会对目的矿物和脉石造成非选择性活化，从而降低硫化矿的浮选选择性。另外，对于单一金属硫化矿的浮选，与硫化矿物同名金属离子的表面吸附，会增加矿物表面捕收剂吸附的活性位点，这种同名离子的吸附对矿物表面产生自活化作用。此外，矿浆溶液中的部分金属离子也会与捕收剂发生作用，金属离子与捕收剂反应生成的化合物在矿物表面的吸附，对矿物浮选也会产生积极的影响。迄今，关于"难免"离子的来源，经典的浮选理论普遍认为浮选矿浆溶液中的金属离子来源于矿物表面氧化溶解、磨矿介质、浮选用水等（Tan et al.，1996；Stanton et al.，2008；Liu et al.，2012；Beaussart et al.，2011；Wei and Sandenbergh，2007；Rao and Finch，1989）。事实上，基于本章前面的矿物流体包裹体的形成机制、包裹体内部物质组成的阐述，我们可以确定矿浆溶液中的金属离子还可以来源于矿物自身流体包裹体组分的释放。

金属硫化矿的流体包裹体中含有极其丰富的化学成分，其中成矿流体主要物质之一的矿物同名金属离子组分对矿物浮选具有重要的影响，如硫化铜矿物中的铜组分、方铅矿中的铅组分等。此外，对于多金属硫化矿而言，由于成矿流体的化学多样性和矿物间紧密的共伴生关系，各矿物中的流体包裹体或多或少都会捕获到彼此的部分成矿流体，这就导致了矿物包裹体中化学组分的互含，例如同一矿床中产出的脉石矿物流体包裹体中可能含有主矿物的化学组分（Bortnikov et al.，1991；Barton and Bethke，1987）。实际多金属硫化矿石中，脉石矿物占绝大多数，如果考虑这部分包裹体的影响，那么矿物包裹体组分释放对矿浆溶液化学性质和矿物表面性质所带来的影响必须引起人们的重视。

本章选取不同地区典型矿床中的铜铅锌铁硫化物及其紧密共伴生的脉石矿物作为研究对象，对矿物中包裹体的形貌、种类、分布及包裹体组分释放、浓度检测等进行阐述。

5.1　矿物原料分析

5.1.1　黄铜矿及连生矿物

所研究的黄铜矿及其连生矿物取自中国云南东川铜矿区，人工去除杂质和脉石矿物制备出纯度较高的黄铜矿的单矿物，将制备样品用 1%的硫酸溶液浸泡 12 h，再用去离子水反复漂洗，自然晾干。为考察纯度，对矿物进行了化学分析，结果如表 5-1 所示，结果表明黄铜矿纯度较高，含有少量 SiO_2 和 CaO 组分。

表 5-1　黄铜矿化学组成

元素	Cu	Fe	S	SiO_2	CaO
含量/%	33.24	27.22	34.81	3.23	1.50

同时，采用 X 射线衍射（XRD）对黄铜矿纯矿物晶体结构和纯度进一步分析，黄铜矿粉末 X 射线衍射结果如图 5-1 所示。

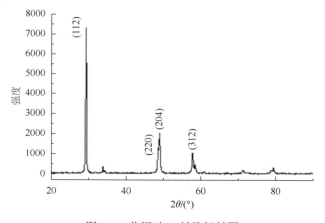

图 5-1　黄铜矿 X 射线衍射图

图 5-1 中，XRD 四强峰分别位于 29.34°、48.68°、49.04°和 57.84°，与 JCPDS 库中的数据值（No.37-0471）一致，与（112）、（220）、（204）和（312）晶面吻合。从这些数据可以得到黄铜矿的晶格参数，并可知黄铜矿具有四方晶系结构，其空间群是 *I*-42*d*。结果还显示，衍射吸收峰强度高，半峰宽小，说明该黄铜矿晶体内部结构均匀，内部粒子排列规整。XRD 分析结果未发现其他明显杂质矿物，进一步证明所制得的黄铜矿单矿物纯度较高。

黄铜矿矿物晶体周围连生着斑铜矿、石英和方解石晶体。其中，连生的脉石矿物石英和方解石的化学组成如表 5-2 所示。其中的斑铜矿中的铜、铁、硫的质量分数分别为63.01%、11.01%和25.23%，与理论值一致，换算成原子浓度比（即原子数比），接近理想的斑铜矿铜、铁、硫的化学计量数 5∶1∶4；石英中的 SiO₂ 和方解石中的 CaO 含量也都接近二者的理论值，说明连生的斑铜矿、石英和方解石都具有较高纯度。

表 5-2　黄铜矿连生矿物石英和方解石化学组成

矿物	化学组成	含量/%
石英	SiO₂	95.71
方解石	CaO	53.53

5.1.2　闪锌矿及石英

矿物原料采自云南省会泽铅锌矿，为与块状脉石连生的闪锌矿块状纯矿物，脉石主要为结晶纯度非常好的石英和少量方解石晶体，人工剔除闪锌矿周边连生的石英、方解石等脉石矿物后，得到纯度较高的闪锌矿晶体，将制备的样品用 1%的硫酸溶液浸泡 12 h，再用去离子水反复漂洗，自然晾干。对该纯度较高的闪锌矿进行多元素分析和 XRD（D/Max 2200，Rigaku，日本）分析，结果如表 5-3 和图 5-2 所示。

表 5-3　闪锌矿多元素分析结果

元素	Zn	S	Fe	Pb	SiO₂
含量/%	64.84	32.81	0.19	0.014	1.21

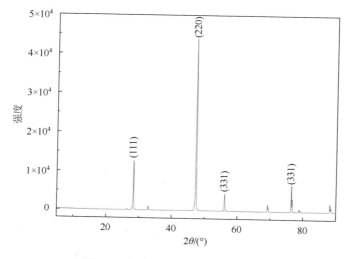

图 5-2　闪锌矿晶体 X 射线衍射图

由表 5-3 可知，闪锌矿的理论含锌品位为 67.07%，而该闪锌矿实验原料的含锌品位为 64.84%，闪锌矿的纯度达到 96.68%，说明实验原料达到要求的纯度。

众所周知，闪锌矿具有两种同分异构体，即立方结构闪锌矿（β-ZnS）和纤维闪锌矿（α-ZnS）。由图 5-2 可知，闪锌矿晶体衍射的四个强峰分别出现在 28.56°、47.52°、56.29°、76.81°的位置，这与标准闪锌矿的 X 射线衍射卡片（No.050566）相吻合。此外，这四个衍射峰分别与闪锌矿的（111）、（220）、（331）、（331）晶面相对应，这些说明该闪锌矿与标准的闪锌矿一致。标准的闪锌矿晶体为等轴立方晶系，晶格参数为 $a = b = c = 5.414$ Å，$\alpha = \beta = \gamma = 90°$，该闪锌矿晶格参数为 $a = b = c = 5.406$ Å，$\alpha = \beta = \gamma = 90°$。XRD 检测结果还显示，衍射吸收峰强度高，半峰宽小，说明该闪锌矿晶粒粗大，晶体内部结构均匀，原子排列规整，XRD 分析未发现其他杂质矿物。

5.1.3　方铅矿

方铅矿采自云南省会泽铅锌矿，人工剔除周边连生的方解石、石英等脉石矿物后，得到纯度较高的矿物晶体，并将制备的样品用 1%的硫酸溶液浸泡 12 h，再用去离子水反复漂洗，自然晾干备用。对该纯度较高的方铅矿进行多元素分析和 XRD 分析，得到的结果如表 5-4 和图 5-3 所示。

表 5-4　方铅矿多元素分析结果

元素	Pb	S	Fe	Zn	Cu	SiO$_2$
含量/%	84.71	13.42	0.33	0.04	0.015	1.32

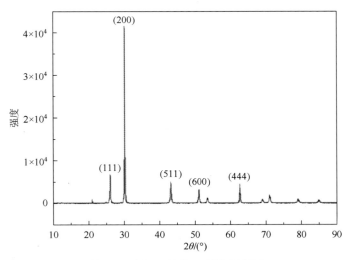

图 5-3　方铅矿晶体 X 射线衍射图

方铅矿单矿物的化学多元素和 XRD 分析结果都表明，所获得的单矿物纯度较高，方铅矿中除了非常少量的铁、锌、铜、硅杂质外，未见其他杂质，纯度高达 98.13%。

5.1.4　黄铁矿

黄铁矿是自然界中存在最为广泛的硫化矿之一，几乎存在于所有金属硫化矿矿床中。因此，一般黄铁矿中的流体包裹体数量对于整个矿床硫化矿物的包裹体数量的贡献是很大的。本书中所研究的黄铁矿和脉石矿物分别来源于云南省的两个不同地区的矿床中，下面我们将分别介绍。

1. 云南威信地区硫铁矿矿床的黄铁矿和石英脉样品

该黄铁矿矿床是典型热液成矿大型矿床，表层为喷出型，深部为浸入型。矿带呈 NW 向反"S"形分布，北西起于四川珙县大弯磺厂，经云南威信的顺河—高田—镇雄的新场—黑树庄—贵州大方的大坡—石牛角—猫场路线，全长约为 175 km，宽 10~20 km，主要矿带分布在峨眉山玄武岩东侧尖灭地段。黄铁矿矿体赋存在茅口灰岩（$P1m$）侵蚀面之上底部凝灰岩中（少数为燧石层），呈豆荚状、似层状，受底板古岩溶侵蚀面起伏控制，一般厚 1~5 m，最厚 7.19 m，走向 NW 10°~30°向 NE 倾。石英矿带在黄铁矿矿体中穿插。矿石主要由黄铁矿和石英组成，含少量的白铁矿、黄铜矿、菱铁矿。地质资料显示，该矿床硫品位在 15%~22%，平均 19.37%，其他元素含量为 Fe 10%~15%、SiO_2 50%~65%、TiO_2 2%~6%（金红石）、Cu 0.05%~0.5%、CaO 0.1%~1.0%、MgO 0.1%~0.5%、MnO_2 0.01%~0.03%、F 0.03%~0.05%、As<0.5%、Pb<0.01%、Zn<0.01%。

将采自黄铁矿脉和石英脉的较纯的块矿作为原料，破碎至 0.5~1 mm，将来自黄铁矿脉的矿石中纯净黄铁矿挑出作为黄铁矿样品，将来自石英脉的矿石中的纯净石英挑出作为石英样品。将制备的样品用 1%的硫酸溶液浸泡 12 h，再用去离子水反复漂洗，自然晾干，进行化学成分分析，化学分析结果如表 5-5 所示，结果表明黄铁矿纯度较高，硫和铁的物质的量之比接近 2∶1，含有少量 SiO_2 和 Cu 组分。

表 5-5　威信地区样品化学组成

样品名称	元素含量（质量分数）/%					
	Fe	S	SiO_2	Cu	Pb	Zn
黄铁矿	45.84	53.81	0.21	0.014	<0.01	<0.01
石英	0.57	<0.05	99.2	<0.01	<0.01	<0.01

对挑选出的黄铁矿单矿物原料进行 XRD 分析（图 5-4），结果显示所得到黄铁矿纯度都高于 99%，无明显杂质；样品的各个衍射峰与 JCPDS 数据库中黄铁矿的衍射峰（IDCC10710053）相匹配，XRD 的六个强峰分别位于 28.517°、33.034°、37.0753°、40.750°、47.403°和 56.261°，分别对应黄铁矿的（111）、（200）、（210）、（211）、（220）和（311）晶面。晶格常数为 $a = b = c = 5.424$ Å，$\alpha = \beta = \gamma = 90°$，矿样具有等轴立方结构，分子式为 FeS_2，原子对称结构为 $T_h^6 \text{-} Pa3$。从图中可以看出黄铁矿的特征衍射峰强度高，半峰宽小，说明该黄铁矿晶体内部结构比较均匀，内部粒子排列规整，晶型比较理想。

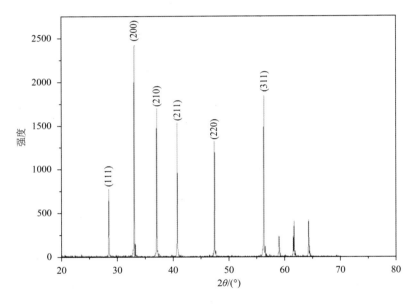

图 5-4　黄铁矿的 X 射线衍射图

2. 云南大坪掌地区多金属硫化矿矿床的黄铁矿和石英脉样品

大坪掌地区黄铁矿脉及其石英脉样品产自云南省普洱地区澜沧江区域的大坪掌乡的铜铅锌硫多金属硫化矿矿床。将几块来自黄铁矿脉和石英脉的较纯的块矿作为原料，破碎至 0.5～1 mm，将来自黄铁矿脉的矿石中纯净黄铁矿挑出作为黄铁矿样品；将来自石英脉的矿石中的纯净石英挑出作为石英样品。将制备的样品用 1%的硫酸溶液浸泡 12 h，再用去离子水反复漂洗，自然晾干。进行化学成分分析，结果见表 5-6。结果表明黄铁矿纯度较高，由硫和铁的质量比计算的物质的量之比接近 2∶1，含有少量 Cu。X 射线衍射定量分析得到黄铁矿和石英样品的纯度都高于 99%，无明显杂质。

表 5-6　大坪掌地区样品化学组成

样品名称	元素含量（质量分数）/%					
	Fe	S	SiO_2	Cu	Pb	Zn
黄铁矿	44.78	52.77	<0.05	0.034	<0.01	<0.01
石英	0.5	<0.05	99.2	<0.01	<0.01	<0.01

5.2　硫化矿流体包裹体研究方法

本章铜铅锌铁硫化矿及连生矿物中流体包裹体的研究主要涉及两大内容，一是矿物中包裹体的检测和形貌学研究；二是包裹体组分的释放及其浓度研究。

事实上，大多数金属硫化物，尤其是我们常见的有色金属铜铅锌铁硫化矿在光学显微镜下是不透明的，普通光学显微镜仅局限于与金属硫化物共生的透明矿物（如石英等）或半透明矿物（如闪锌矿）的研究。因此，本研究采用先进的红外-紫外（IR-UV）光学成像技术并结合普通光学显微镜对矿物中流体包裹体进行检测和形貌研究。首先将块状矿物晶体切割并磨制成厚度为 0.1～0.3 mm 的薄片，然后在美国 Fluid 公司生产的 BX51 IR-UV 显微镜下观察，所得图像利用红外电子感应转换成数据信号，再通过计算机软件处理输出图片。本研究中矿物流体包裹体 IR-UV 实验工作是在南京大学内生金属矿床成矿机制研究国家重点实验室完成的。此外，还借助扫描电子显微镜-能谱分析（SEM-EDS）、高分辨率 X 射线微断层扫描（HRXMT）分析等技术对矿物中的包裹体进行了不同程度的检测。SEM为荷兰 Philips 公司的 XL30ESEM-TM 型电镜，能谱分析采用 EDAX 公司的GENESIS 能谱仪，分别采用 SEM 和 EDS 检测矿物表面流体包裹体破裂后留下的破损区域表面与矿物原生表面几何形貌及化学组成上的差别。检测时将磨好的矿物薄片切割成 1 cm×1 cm，然后固定在 SEM 上，先用低倍镜扫描，直至找到打开的包裹体可能位域，并对其进行显微成像和能谱分析。采用 HRXMT 技术对单个矿物颗粒中流体包裹体的空间分布进行了分析。将单个矿物颗粒放入密闭的注射管中进行 HRXMT 扫描，获得高像素分辨率图像，矿样在 150 kV 左右电压下扫描一定时间，得到足够的 X 射线强度点。HRXMT 研究是在美国犹他大学冶金工程学院 J. D. Miller 院士课题组实验室完成的。

矿物包裹体组分研究又可以分为矿物中群体包裹体的组分研究和单个包裹体组分研究两大类。对于矿物加工学科而言，我们更关心的是矿物中群体包裹体组分的释放及其浓度，以及这些组分引起的矿浆溶液化学性质和矿物表面性质的变化。矿物中群体包裹体的组分研究一般包括单矿物挑选、清洗、包裹体的打开及包裹体组分液的提取与分析几个步骤，其中包裹体的打开又可分为机械压碎法、研磨法和热爆法三种方法。地质学领域多采用热爆法，而这样的方法对矿物加工来说意义不大，无法模拟磨矿过程且操作起来难度及成本较大。因此，本研究采用独特的研磨法（超净磨矿）+ 超声提取来获得矿物包裹体组分液，并采用高精度的电感耦合等离子体质谱（ICP-MS）、电感耦合等离子体原子发射光谱（ICP-AES）来测定组分液中的阳离子金属组分，采用液相离子色谱（IC）测定组分液中的阴离子组分。其中 ICP-MS 用于溶液中 ppb 级含量的检测，而 ICP-AES 则用于 ppm级含量的检测，这样有利于发挥不同仪器各自的检测优势及提高检测精度。其中 ICP-MS 为美国 PerkinElmer 公司生产的 ELAN DRC Ⅱ 型，ICP-AES 为美国 Leeman Labs 公司的 PS1000 型。溶液中阴离子的检测采用的是美国 Waters 公司的 820 型高效液相色谱仪。实验所用容器均经 6 mol/L 硝酸溶液浸泡一周，用去离子水及超纯水洗净并自然晾干。具体实验方法如下。

将粒度 0.5～1.0 mm 的单矿物用去离子水在超声波清洗器（SY2200，产自中国上海）中洗涤 10 次，在氩气箱（自制）中自然晾干。实验时，每次称取 2 g 晾干后的试样在德国生产的 MM400 超纯球磨仪中以 900 min^{-1} 的频率磨制不同时间，其磨矿装置是一个体积为 50 mL 的不锈钢球磨罐，球磨罐里面只放置了一个直径为 15 mm 的不锈钢球。磨好的矿样，分别装入玻璃离心沉降管中，加入去离子水 40 mL，超声振荡洗涤 1 min。洗涤完成后，将离心管放入离心机（TGL-16，产自中国江苏金坛）高速离心固液分离，然后取出上层清液用 ICP-MS/AES 检测溶液中金属元素的浓度。相同的上清液用液相离子色谱仪检测阴离子浓度。上述实验过程均在氩气保护的实验手套箱内进行，以防止实验过程中氧气的影响。实验温度保持为 25℃，使用的去离子水由美国产的 Mill-Q5O 超纯水机提供，其电阻率为 18 MΩ·cm，属于高纯水。为了整个实验的严谨性，进行了空白对照实验，即用去离子水代替矿物考察了去离子水和磨矿介质对溶液中 Cu、Pb、Zn、Ca、Mg、Cl$^-$、SO$_4^{2-}$ 等的贡献，分析测试的结果都表明，这些组分的含量在 10^{-9}～10^{-10} mol/L量级，说明水和磨矿介质对整个溶液体系中的化学组分的贡献可以忽略不计。

5.3　黄铜矿流体包裹体形貌学及组分释放

5.3.1　黄铜矿流体包裹体红外光学显微分析

众所周知，黄铜矿在可见光下为不透明矿物，用普通光学显微镜难以对其包裹体进行研究，将块状的黄铜矿晶体切割磨成厚度为 0.1～0.3 mm 的薄片，采用 BX51 红外显微镜也仅能获得黄铜矿表层和浅层的包裹体形貌图（图 5-5），并且对于某些区域难以准确地确定流体包裹体的存在，还必须借助其他检测手段辅助说明。红外光学显微镜下薄片中黄铜矿疑似流体包裹体呈孤立状［图 5-5（b）］或成群［图 5-5（a）］产出，形状为长条状［图 5-5（a）-1］、椭圆状［图 5-5（a）-2、图 5-5（b）-1］和不规则状［图 5-5（a）-3］，沿黄铜矿晶体生长带呈定向分布（图中 45°方向）。包裹体个体大小在 3～60 μm，长 3～50 μm，宽 2～30 μm。包裹体颜色有别于周边区域，可能是液态或气态或两者的综合相。从图 5-5 中还可以看出，黄铜矿沿 45°方向出现了明暗相间的条纹，这是不同元素的不同原子状态和晶体纹理对红外光的吸收差别造成的（Campbell et al.，1984；Luders et al.，1999）。红外光学显微成像结果表明，矿物中不但存在着流体包裹体，而且流体包裹体的数量较多。

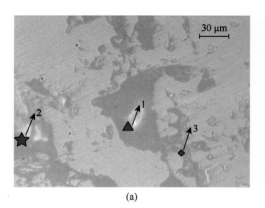 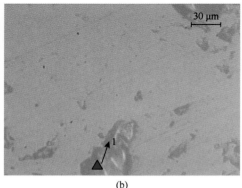

　　　　　　　　（a）　　　　　　　　　　　　　　　　（b）

图 5-5　黄铜矿浅层和表层流体包裹体红外显微图像

5.3.2　黄铜矿流体包裹体位域 SEM-EDS 分析

在矿物薄片磨制过程中，不可避免地会破坏和打开黄铜矿表面及其表层区域的包裹体，SEM 观察显示黄铜矿解离面上呈现出许多凹陷，这些凹陷区域可能是包裹体打开以后留下的痕迹，这些区域可称为包裹体位域（图 5-6）。从 SEM 直接观察到的包裹体位域结构和形态来看，这些包裹体大小不一，形状各异。大小为 5～60 μm，甚至更大［图 5-6（b）］，这些包裹体部分是孤立状［图 5-6（a）、图 5-6（c）、图 5-6（d）、图 5-6（e）、图 5-6（f）］，部分比较集中［图 5-6（b）］，形状为长条状［图 5-6（d）］、椭圆状［图 5-6（a）、图 5-6（f）］、圆球状［图 5-6（e）］和不规则状［图 5-6（b）、图 5-6（c）］，并且在 45°方向呈现出有规律的条纹，此为热液成矿时的晶体生长带，而包裹体正沿着晶向呈定向分布。在包裹体的结构和状态方面，SEM 形貌分析结果与表层和浅层流体包裹体红外光学显微成像的分析结果是一致的。

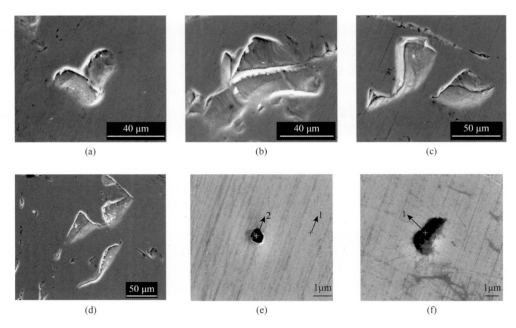

图 5-6　包裹体残留位域 SEM 形貌

　　为进一步证明解离面呈现出的凹陷是包裹体的残留痕迹而不是切面造成的划痕，对凹陷区域进行了 EDS 分析。为了比较和对照，对如下位置进行了取点分析：凹陷周边的平面区域图 5-6（e）-1 和凹陷位置图 5-6（e）-2 和图 5-6（f）-1。EDS 谱图见图 5-7，半定量的元素含量结果见表 5-7。图 5-6（e）-1 的电子能谱显示只呈现 S、Fe、Cu 的峰，半定量分析结果显示 S、Fe、Cu 原子浓度比接近黄铜矿理论组成的化学计量 2∶1∶1，显然凹陷周边的黄铜矿不含有杂质元素，是较纯的黄铜矿。凹陷位置图 5-6（e）-2 的能谱图上除了 S、Fe、Cu 元素之外，还出现了 O、Cr 的峰，而且半定量分析结果显示 O、Cr 的总原子浓度接近 30%，总质量分数接近 15%，S、Fe、Cu 原子浓度比已经远离了理论黄铜矿的化学计量数，Cu、Fe 浓度超出了化学计量的近一倍，很显然凹陷处的成分与非凹陷处的成分不同，呈现出其他元素种类和同名阳离子，而且含量较多。凹陷位置图 5-6（f）-1 的能谱图上除了 S、Fe、Cu 的峰外，出现了更多元素的峰，如 O、Al、Si、Ca、Mn 和 Cr 的峰，半定量分析结果显示这些杂质元素含量接近 40%，Cu、Fe 与 S 的原子浓度比也高于理论值。EDS 能谱和半定量结果表明，凹陷区域的形成不是切面造成的，而是天然存在的，其中 EDS 检测到的相界面成分 Cu、Fe、Al、Ca 和 Cr 等元素是固有的，可能来源于流体包裹体的释放，也就是说这些凹陷区域应是包裹体打开后保存下来的区域，其中的多种离子在气相包裹体和液相包裹体挥发后吸附在包裹体体壁上。

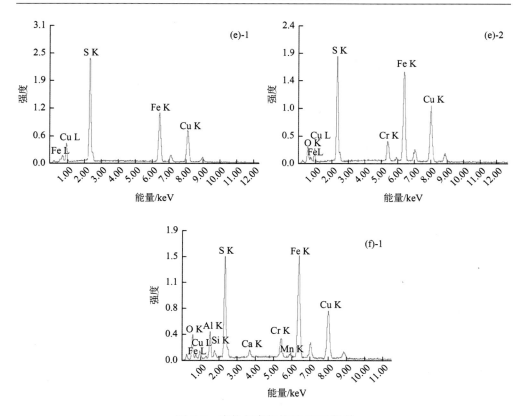

图 5-7 流体包裹体位域 EDS 能谱

表 5-7　EDS 能谱元素含量半定量分析结果

表面位域	元素	质量分数/%	原子浓度/%
（e）-1	S	36.86	52.02
	Fe	30.71	24.88
	Cu	32.43	23.10
（e）-2	O	9.38	24.14
	S	21.40	27.48
	Cr	5.18	4.10
	Fe	31.30	23.07
	Cu	32.73	21.21
（f）-1	O	7.34	17.22
	S	17.83	20.87
	Al	4.54	6.32

续表

表面位域	元素	质量分数/%	原子浓度/%
（f）-1	Si	12.37	16.53
	Ca	6.21	5.81
	Mn	4.19	2.86
	Cr	5.18	3.74
	Fe	20.08	13.49
	Cu	22.26	13.15

5.3.3　高分辨率 X 射线微断层扫描分析

高分辨率 X 射线微断层扫描（HRXMT）分析可以提供样品内部结构的多维千分尺分辨率的图片。HRXMT 可以同时扫描上千计数目的颗粒，从而利于搜寻内部具有完整孔洞的流体包裹体结构。采用 HRXMT 对黄铜矿颗粒进行三维成像分析，得到如图 5-8（a）所示结果。HRXMT 图像检测出了颗粒之间的缝隙、颗粒内部的裂缝，特别是检测到了黄铜矿内部的部分流体包裹体，这与 SEM 的结果是一致的，都证明了流体包裹体的存在。图 5-8（b）为圆圈所示流体包裹体孔洞的大小测定，直径尺寸约为 37 μm，这与前面小节研究结果是吻合的。图 5-9 为 CT 扫描图。

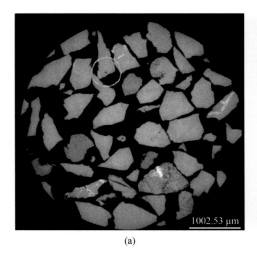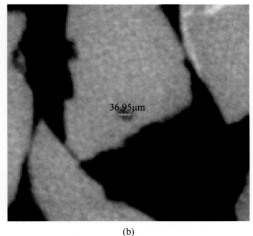

1002.53 μm

36.95μm

(a)　　　　　　　　　　　　　　　　　(b)

图 5-8　黄铜矿 HRXMT 图谱

（a）总体；（b）局部

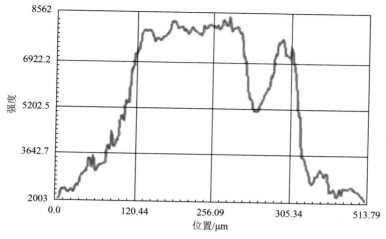

图 5-9 黄铜矿 HRXMT CT 扫描图

5.3.4 黄铜矿流体包裹体组分释放

地球化学领域关于流体包裹体的研究指出：不同矿床流体包裹体的含量不同，在某些矿床中，包括气、液、固三相在内的流体包裹体具有较大的丰度，其中的液相流体包裹体组分丰度可以占到 1%～3%（卢焕章等，2004；王守旭等，2008）。本书重点考察了黄铜矿流体包裹体中 Cu^{n+}、Fe^{n+}、Cl^- 和 SO_4^{2-} 等离子在溶液中的释放，比较研究了流体包裹体组分与矿物表面溶解对"难免"离子的贡献。黄铜矿流体包裹体中的阳离子成分主要是 Na^+、K^+、Mg^{2+}、Ca^{2+} 及固有的同名离子 Cu^{2+} 和 Fe^{2+}，阴离子主要是 Cl^-、SO_4^{2-} 和 F^- 等。地球化学领域的很多研究者关注这些离子的组成及含量，已经形成了直接测定的方法，取得了良好的效果，但对于其中的重金属离子，地球化学研究领域推荐的研究方法为间接测定方法。本实验采用间接测定方法测定黄铜矿流体包裹体中的组分，应用电感耦合等离子体质谱仪和高效液相色谱中的离子色谱（IC）分别检测了压碎后黄铜矿流体包裹体释放到溶液中的 Cu、Fe（ICP-MS）和 Cl^-、SO_4^{2-}（IC）的浓度，结果如表 5-8 所示。

表 5-8 黄铜矿流体包裹体中 Cu、Fe、Cl^- 和 SO_4^{2-} 的释放浓度

磨矿时间/min	浓度/($\times 10^{-6}$ mol/L)			
	Cu	Fe	Cl^-	SO_4^{2-}
6	0.16	0.52	34.7	60.68
8	0.21	0.80	41.18	77.86
10	0.45	1.67	77.29	79.21
12	2.14	5.59	94.78	81.71
14	5.79	17.20	107.76	94.51

从表 5-8 可以看出,超声振荡 1 min 后,溶液中 Cu 和 Fe 的总浓度(C_{Cu_T} 和 C_{Fe_T})随着磨矿时间的增加显著增加,在磨矿时间 6～14 min,C_{Cu_T} 由 0.16×10^{-6} mol/L 增加到 5.79×10^{-6} mol/L,C_{Fe_T} 由 0.52×10^{-6} mol/L 增加到 17.20×10^{-6} mol/L,数值增加明显。包括黄铜矿在内的硫化矿大多是热液成矿,成矿过程伴随着卤水接触与相互作用,大量研究表明 NaCl、H_2S、CO_2 和硫酸盐等物质大量存在于流体包裹体中,这些物质的出现可以作为包裹体组分释放的一个直接证据(Crawford,1981;Ding et al.,2005;冉崇英,1989)。同时也测试了黄铜矿流体包裹体破裂时释放出的 Cl^- 和 SO_4^{2-} 阴离子的浓度,测试结果发现,随着压碎程度的逐渐增强,溶液中的 Cl^- 和 SO_4^{2-} 的浓度逐渐增加。在磨矿时间 6～14 min,溶液中 Cl^- 和 SO_4^{2-} 的浓度分别由 34.7×10^{-6} mol/L、60.68×10^{-6} mol/L 增加到 107.76×10^{-6} mol/L、94.51×10^{-6} mol/L,从数量级上看,这些数值是很大的,表 5-8 中的阳离子和阴离子的浓度的数量级与文献报道流体包裹体的测试数据的结果是一致的。空白水中的 Cl^- 和 SO_4^{2-} 浓度 ICP-MS 的测试值分别是 7.6×10^{-10} mol/L 和 20.4×10^{-10} mol/L,与溶液中的 Cl^- 和 SO_4^{2-} 浓度相差多个数量级,可见实验过程和分析测试系统对结果的影响很小。

为了进一步排除溶液中的大量铜、铁元素来源于矿物溶解的可能性,对磨矿 14 min 的矿物颗粒进行多次洗涤,直至溶液中的 Cu 和 Fe 浓度分别为 9.6×10^{-9} mol/L 和 25.9×10^{-9} mol/L,然后在手套箱中进行溶解实验,对结果进行对比分析。取最大的磨矿时间 14 min 得到的产品和去离子纯水,置于离心管中,超声清洗 1 min,然后使用离心机进行固液分离,清洗干净的固体粉末用作实验原料,这个加工过程的目的是去除黄铜矿中流体包裹体释放的铜、铁成分。将经过处理得到的固体颗粒 2 g 和去离子水 40 mL 加入 50 mL 的玻璃反应器中,然后磁力搅拌 7 h,转速为 1000 r/min。实验完成后,用离心机对固液进行分离,上清液装入玻璃药瓶中封闭,用来进行 ICP-MS 检测。温度是室温 25℃、溶解时间 7 h,溶液中的 Cu 和 Fe 浓度测试结果如表 5-9。

表 5-9　黄铜矿自然溶解的 Cu、Fe 浓度(ICP-MS)

磨矿时间/min	溶解时间/h	pH	C_{Cu_T}/(mol/L)	C_{Fe_T}/(mol/L)
14	7	6.9	0.05×10^{-6}	0.12×10^{-6}

表 5-9 结果表明,黄铜矿纯矿物溶解 7 h 后,溶液中的 Cu 和 Fe 浓度分别为 0.05×10^{-6} mol/L 和 0.12×10^{-6} mol/L,这与表 5-8 的结果相差接近两个数量级。由此,可以认为这种大量的 Cu、Fe、Cl^- 和 SO_4^{2-} 的主要来源不是黄铜矿的溶解,而是来自于矿物中的流体包裹体组分的释放。

5.4 黄铜矿连生矿物流体包裹体组分释放

矿物成矿过程中伴随着多种元素的相互反应和不同类型的结晶演变，从而形成丰富奇特的多矿物共生结合体。地质学者可以通过对共生矿物流体包裹体的研究来确定成矿年代、性质和矿床定位等，在其机制方面，涉及了流体混合作用、耦合沉淀等机理（华仁民，1994）。结合体矿物不同时期接触、交叉和浸染的过程，就造成了不同矿物晶体之间流体的相互穿插。对黄铜矿连生矿物流体包裹体的研究，可以进一步证实黄铜矿中包裹体的存在和组分释放，同时可证实与主矿物紧密共伴生的其他金属矿物和脉石矿物中包裹体的存在和组分释放，对浮选溶液化学组成和浮选本身也具有重要影响。

5.4.1 黄铜矿连生矿物石英和方解石流体包裹体组分释放

在黄铜矿的连生矿物石英和方解石的流体包裹体的岩相学研究中观察到，两种透明矿物中含有大量的流体包裹体（图 5-10 和图 5-11）。方解石中的流体包裹体主要呈平行或垂直于方解石解理或沿微裂隙分布，也有少量呈孤立状分布，同时，镜下观察到清晰的不同期次流体包裹体穿插关系，可能反映了三期流体的痕迹。总体上，方解石中镜下观察到的流体包裹体较小，大小从几微米到十几微米，大小不等。流体包裹体形态为负晶形、长条形、椭圆形和不规则形等。室温下流体包裹体主要呈现气液两相，但气液比并不完全一致，除了气液两相包裹体，镜下也可见少量的纯气相和纯液相单相包裹体。

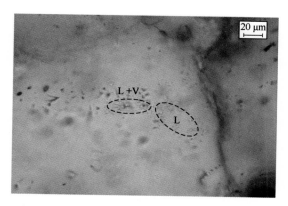

图 5-10 连生矿物方解石流体包裹体显微图像

L. 液相；V. 气相

图 5-11 为石英和不透明矿物共生显微照片，石英是透明矿物，易于在镜下观

察到矿物内部构成等矿物学特征。在石英中观察到了清晰的流体包裹体。流体包裹体主要呈裂隙状分布［图 5-11（a）］和孤立状分布［图 5-11（b）］。室温下，可观察到边界清晰的气液两相富液相流体包裹体［图 5-11（a）、图 5-11（b）］，大小为几微米至十几微米，形态多为圆形和不规则形。

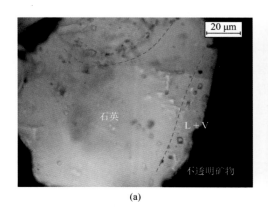 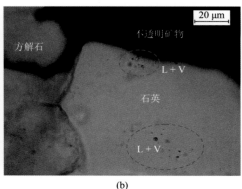

（a）　　　　　　　　　　　　　　　　　（b）

图 5-11　石英和不透明矿物共生显微照片

（a）裂隙状以及孤立状分布；（b）孤立状分布；L. 液相，V. 气相

　　通过铜矿脉石矿物包裹体和 H、O、S、C 元素稳定同位素综合方法研究分析成矿流体的性状和来源，可以发现取样地点所处的铜矿床脉石矿物不仅含有液体、CO_2 流体包裹体，还含有子矿物（NaCl、KCl）包裹体，另外还含有机质包裹体。包裹体的温度与盐度测定表明成岩矿床的均一温度为 150℃ 左右，盐度为 12.5%～23.2%（质量分数）。显然，成矿流体具有热卤水性质。热卤水中的 Na^+（或 K^+）、Cl^- 或 SO_4^{2-} 浓度都是较高的，含有重金属水溶液化学成分。从 SO_4^{2-}/Cl^- 总体比值（≥0.14）来看，总体属于硫酸-氯化钠水化学类型，以总矿化度高和 SO_4^{2-}/Cl^- 比值较高为特征，热卤水的成因分类属于浅地层水。基于地球化学环境，如中性至碱性弱还原环境、厌氧细菌发育等，Cu 与 S 结合而淀积出铜的金属硫化物，形成层状铜矿床结构（冉崇英，1989）。

　　在该连生体薄片中清晰地观察到了不透明矿物黄铜矿与透明矿物石英的接触关系（图 5-12），黄铜矿或与石英接触，有溶蚀边，或侵入石英裂隙中，可知含矿流体在石英形成时侵入石英裂隙或溶蚀石英。观察两者接触边界，发现石英中部分裂隙状分布的流体包裹体切穿了石英颗粒，延伸至黄铜矿边界，有理由认为此类包裹体中的流体与成矿有关。

　　采用 ICP-MS 和离子色谱分别测定了磨矿过程中黄铜矿及其连生矿物石英和方解石流体包裹体中释放到水溶液中的 Cu、Fe、Cl^- 和 SO_4^{2-} 浓度，结果分别见表 5-10、表 5-11 和表 5-12。可以看出，黄铜矿水溶液中 Cu 和 Fe 的总浓度随着

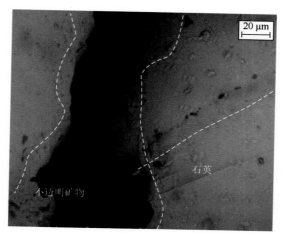

图 5-12　不透明矿物黄铜矿与石英的接触关系，含矿流体侵入石英裂隙或溶蚀石英边界

磨矿时间的增加而增加，在磨矿时间 6～14 min，C_{Cu_T} 由 0.31×10^{-6} mol/L 增加到 1.32×10^{-6} mol/L，C_{Fe_T} 由 0.49×10^{-6} mol/L 增加到 1.47×10^{-6} mol/L，数值增加明显。这是因为随着磨矿时间的延长，细度越来越小，包裹体打开得越来越多，所以释放到溶液中的成分也越来越高。

表 5-10　连生矿物中黄铜矿流体包裹体释放的 Cu、Fe、Cl$^-$和 SO$_4^{2-}$ 的浓度

磨矿时间/min	浓度/(×10^{-6} mol/L)			
	Cu	Fe	Cl$^-$	SO$_4^{2-}$
6	0.31	0.49	0.99	10.53
8	0.49	0.62	1.46	15.72
10	0.55	0.74	3.27	22.10
12	1.01	1.20	5.86	27.28
14	1.32	1.47	8.34	30.09

表 5-11　连生矿物石英流体包裹体释放的 Cu、Fe、Cl$^-$和 SO$_4^{2-}$ 的浓度

磨矿时间/min	浓度/(×10^{-6} mol/L)			
	Cu	Fe	Cl$^-$	SO$_4^{2-}$
6	0.11	0.08	2.25	11.52
8	0.31	0.19	2.07	15.99
10	0.29	0.21	2.09	19.10
12	0.37	0.20	3.13	19.90
14	0.40	0.33	5.98	26.01

表 5-12　连生矿物方解石流体包裹体释放的 Cu、Fe、Cl⁻和 SO₄²⁻ 的浓度

磨矿时间/min	浓度/($\times10^{-6}$ mol/L)			
	Cu	Fe	Cl⁻	SO₄²⁻
6	0.01	0.11	3.78	5.23
8	0.06	0.27	5.91	6.91
10	0.13	0.20	6.45	13.05
12	0.12	0.31	6.54	15.82
14	0.19	0.37	7.27	19.99

在黄铜矿连生的石英和方解石中也检测到了微量的 Cu 和 Fe，这与成矿成岩过程中流体包裹体的形成机制有关，这是容易理解的，采用红外-紫外显微镜对黄铜矿和连生体接触关系观察的结果也说明了黄铜矿与石英接触的性质。然而，连生体中的 Cu 和 Fe 浓度的数值总体上看要小于黄铜矿中流体包裹体的量，数值随磨矿时间延长的变化趋势不明显，这是因为石英和方解石中的流体包裹体及其中的 Cu 和 Fe 元素分布不均匀。随着磨矿程度的逐渐增强，黄铜矿及其连生的石英和方解石水溶液中的 Cl⁻和 SO₄²⁻ 的浓度随磨矿时间的增加整体上呈现逐渐增加的趋势，而且数值是比较大的。空白水中的 Cl⁻和 SO₄²⁻ 浓度 ICP-MS 的测试值分别是 7.6×10^{-10} mol/L、20.4×10^{-10} mol/L，与溶液中的 Cl⁻和 SO₄²⁻ 浓度相差接近 3 个数量级，可见实验过程和分析测试系统对测试数据的影响很小。另外，在同等实验条件下，与黄铜矿自身溶解的量相比，包裹体组分释放是优势来源。

5.4.2　铜锌共伴生矿物流体包裹体组分释放

铜锌分离是矿物加工领域公认的世界难题，多年来铜锌硫化矿石的分离一直是国内外选矿工作者十分重视的研究课题和难点，其主要原因是铜锌矿石往往嵌布粒度较细，有的呈乳滴状互含，有的铜硫化矿物种类繁多，可浮性不一，还有的含有较多的次生硫化铜矿物和可溶性重金属盐类，尤其是次生铜矿物会在矿浆中溶解，溶解的铜离子活化闪锌矿，致使其可浮性增加（章文甫，1983；邱仙辉，2010），与硫化铜矿物相近，乃至超过部分硫化铜矿物，这几点给铜锌分离带来很大困难。在浮选分离方法方面，Clarke 等（1995）指出矿石中的不同硫化矿物可以用浮选实现选择性分离，可以在浮选矿浆中添加一些特殊组分，如抑制剂、多聚物、铜矿物高效捕收剂等，当然也可调节溶液 pH 和 Eh 实现选择性地抑锌浮铜。分离方法主要基于硫化矿物的天然反应特性，特别是表面氧化性、吸附反应产物等。其中一个最重要的影响因素是矿物的溶解，将重建溶液中的金属和硫化物的

种类、性质和电荷。如何控制这些溶解产物对分离效果具有重要意义。前人的这些研究，只提到了矿物溶解和嵌布粒度等原因，忽略了矿物流体包裹体组分释放这个因素（Peng et al., 2003；Majima, 1969；Shen et al., 1998）。流体包裹体这个重要致因，同样适用于铜硫分离、铜铅分离等多金属硫化矿分离等。对于单一硫化铜矿、硫化铅矿的浮选，由于原生硫化铜矿如黄铜矿难氧化难溶解，矿浆溶液中铜离子等重金属离子含量极低，浮选速度慢，而流体包裹体释放的铜等重金属离子对原生铜矿物等甚至具有活化作用，即硫化铜矿物的流体包裹体组分自活化。

选取黄铜矿和闪锌矿及其连生体石英磨制成矿物薄片，对其中的包裹体形貌学和组分释放进行了研究。镜下观察的样品薄片如图 5-13 所示，薄片中透明矿物（石英）、半透明矿物（闪锌矿）和不透明矿物（黄铜矿）共生。分别采用可见光光源和红外光光源来分析透明矿物、半透明矿物和不透明矿物。图 5-14 为白平衡处理后的黄铜矿、闪锌矿及石英共生的反射光下显微照片。

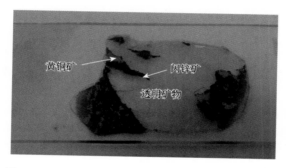

图 5-13　黄铜矿、闪锌矿及透明矿物流体包裹体薄片

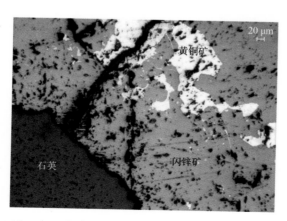

图 5-14　白平衡处理后的黄铜矿、闪锌矿以及石英共生的反射光下显微照片

如图 5-15 所示，在黄铜矿和闪锌矿之外的透明脉石矿物中，存在着大量清晰的流体包裹体，主要呈片状分布，少量呈裂隙状分布，可以清楚观察到裂隙的接触特征，清楚地呈现了不同成矿阶段的流体分布和走势情况。流体包裹体尺寸大小不等，从几微米到几十微米。形态多为规则的圆形、椭圆形，甚至观察到了负晶形，另有一些呈不规则形，类型多为富液相的气液两相流体包裹体，也见到少量的纯液相流体包裹体，体积较大。

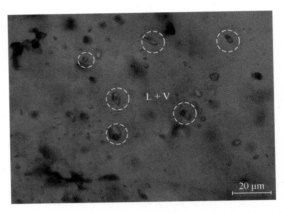

图 5-15　黄铜矿和闪锌矿所连生的透明矿物流体包裹体显微照片

与黄铜矿连生的闪锌矿中也发现大量流体包裹体（图 5-16），主要沿裂隙分布或呈片状分布或沿矿物边界分布，沿裂隙分布的流体包裹体，可以清楚地观察到接触关系和特点。室温下，闪锌矿中观察到许多的流体包裹体呈现黑色麻点状。流体包裹体尺寸小，大小在几微米量级，形态多呈圆形，有的也呈不规则形。红

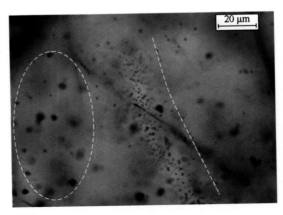

图 5-16　闪锌矿中沿裂隙分布及呈片状分布的流体包裹体显微照片

外光学显微镜下，黄铜矿中呈片状分布了许多流体包裹体但成像效果较差，可分辨的流体包裹体大小不等。

应用 ICP-MS 和离子色谱，定量分析了磨矿过程中黄铜矿、闪锌矿及其连生矿物石英中的流体包裹体释放到水溶液中的 Cu、Fe、Cl^- 和 SO_4^{2-} 浓度，结果分别见表 5-13、表 5-14 和表 5-15。

表 5-13　铜锌共生矿物中黄铜矿流体包裹体释放的 Cu、Fe、Cl^- 和 SO_4^{2-} 的浓度

磨矿时间/min	浓度/($\times 10^{-6}$ mol/L)			
	Cu	Fe	Cl^-	SO_4^{2-}
6	0.09	0.33	0.92	5.12
8	0.11	0.51	1.31	7.91
10	0.39	0.56	2.98	10.00
12	0.78	0.78	4.20	13.14
14	1.02	0.97	6.77	18.03

表 5-14　铜锌共生矿物闪锌矿流体包裹体释放的 Cu、Fe、Cl^- 和 SO_4^{2-} 的浓度

磨矿时间/min	浓度/($\times 10^{-6}$ mol/L)			
	Cu	Fe	Cl^-	SO_4^{2-}
6	0.02	0.25	0.77	3.18
8	0.09	0.42	1.02	5.72
10	0.16	0.50	1.97	9.10
12	0.49	0.71	2.19	11.81
14	0.62	0.83	4.12	13.27

表 5-15　铜锌共生矿物连生矿物石英流体包裹体释放的 Cu、Fe、Cl^- 和 SO_4^{2-} 的浓度

磨矿时间/min	浓度/($\times 10^{-6}$ mol/L)			
	Cu	Fe	Cl^-	SO_4^{2-}
6	0.03	0.19	1.11	2.99
8	0.10	0.17	0.73	4.73
10	0.21	0.43	1.97	6.36
12	0.29	0.62	2.30	9.16
14	0.44	0.91	3.18	11.00

从三种连生的矿物晶体不同磨矿时间溶液中的元素或离子浓度数值和变化来看，磨矿后的高纯去离子水洗涤溶液中存在着 10^{-7} mol/L 或 10^{-6} mol/L 数量级的

Cu、Fe、Cl⁻和SO_4^{2-}，特别是随着磨矿时间的延长，磨矿细度增加，包裹体打开得更多，溶液中的组分逐步增加。黄铜矿水溶液中 Cu、Fe、Cl⁻和SO_4^{2-}的总浓度，在磨矿时间 6～14 min，C_{Cu_T} 由 $0.09×10^{-6}$ mol/L 增加到 $1.02×10^{-6}$ mol/L，C_{Fe_T} 由 $0.33×10^{-6}$ mol/L 增加到 $0.97×10^{-6}$ mol/L，Cl⁻的浓度由 $0.92×10^{-6}$ mol/L 增加到 $6.77×10^{-6}$ mol/L，SO_4^{2-} 的浓度由 $5.12×10^{-6}$ mol/L 增加到 $18.03×10^{-6}$ mol/L。闪锌矿水溶液中这些离子总浓度也是总体上随着磨矿时间的增加而递增，在磨矿时间 6～14 min，C_{Cu_T} 由 $0.02×10^{-6}$ mol/L 增加到 $0.62×10^{-6}$ mol/L，C_{Fe_T} 由 $0.25×10^{-6}$ mol/L 增加到 $0.83×10^{-6}$ mol/L，Cl⁻的浓度由 $0.77×10^{-6}$ mol/L 增加到 $4.12×10^{-6}$ mol/L，SO_4^{2-} 的浓度由 $3.18×10^{-6}$ mol/L 增加到 $13.27×10^{-6}$ mol/L。在黄铜矿连生的石英中也检测到了 Cu、Fe、Cl⁻和SO_4^{2-}，说明成矿过程中成矿流体浸入了石英晶体，而且相互穿插，保留至今，这与流体包裹体红外-紫外显微成像检测结果吻合。

　　流体包裹体组分的释放实验涉及了磨矿过程，这就意味着来自磨矿介质的金属离子有可能进入溶液，因此有必要考虑磨矿介质对金属离子浓度的影响。在流体包裹体的研究中，我们做了空白对照实验，采用完全相同的球磨仪工作参数和实验操作过程，用去离子水空白样代替矿物考察了去离子水和磨矿介质贡献的 Cu、Fe、Cl⁻和SO_4^{2-} 的含量。即采用同一个小型球磨仪（MM400，Retsch，德国），其磨矿装置是一个体积为 50 mL 的不锈钢球磨罐，球磨罐中只放置了一个直径为 15 mm 的不锈钢球，在设备选项卡上设定频率（900 min⁻¹），磨矿时间为 14 min。同时，加入与矿物溶液同体积的去离子水。所得到的 Cu、Fe、Cl⁻和SO_4^{2-} 的含量结果分别为 $0.99×10^{-10}$ mol/L、$9.15×10^{-10}$ mol/L、$7.60×10^{-10}$ mol/L 和 $20.40×10^{-10}$ mol/L，结果表明，与其他元素相比，铁的含量相对较大，但从总体上看磨矿介质和去离子水对这几种物质含量的贡献与流体包裹体释放的量相差 2～3 个数量级，因此这些数值对流体包裹体组分的测试值几乎没有影响，进一步证明磨矿过程中采用的德国超净球磨仪对溶液组分的贡献可以忽略。

5.5　闪锌矿及石英流体包裹体形貌学及组分释放

5.5.1　闪锌矿及石英中流体包裹体的形貌及类型

　　为了确定与闪锌矿紧密共生的脉石矿物（石英）中的流体包裹体中是否含有其主矿物的成分（锌离子），作者对与闪锌矿紧密共生的石英也作了相应研究。将大块的闪锌矿及石英晶体切割磨成厚度为 0.1～0.3 mm 的薄片，磨好的闪锌矿及石英薄片如图 5-17 所示。由图 5-17 知，闪锌矿薄片呈半透明状，而石英薄片呈现出较好的透明度。

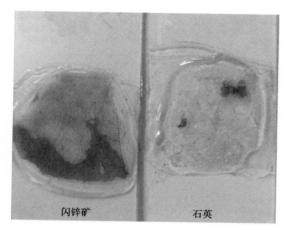

图 5-17　闪锌矿及与之紧密共生的石英的薄片

　　红外光下，通过 BX51 显微镜进行显微成像后获得的闪锌矿及与之紧密共生的石英薄片中流体包裹体的形貌及种类分别见图 5-18 和图 5-19。

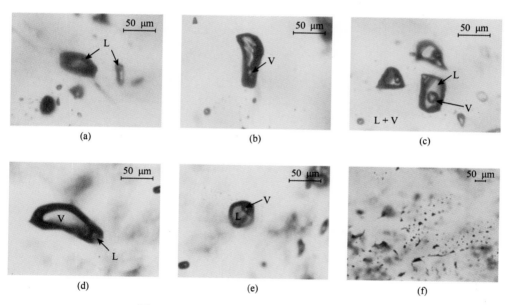

图 5-18　闪锌矿中流体包裹体的形貌及种类

（a）纯液相包裹体；（b）纯气相；（c）气液两相；（d）富气相；（e）富液相；（f）微小包裹体群

　　由图 5-18 可知，该闪锌矿中的流体包裹体类型可分为单一的气相[图 5-18（b）]、单一的液相 [图 5-18（a）]、气液两相 [图 5-18（c）] 及富气相 [图 5-18（d）]

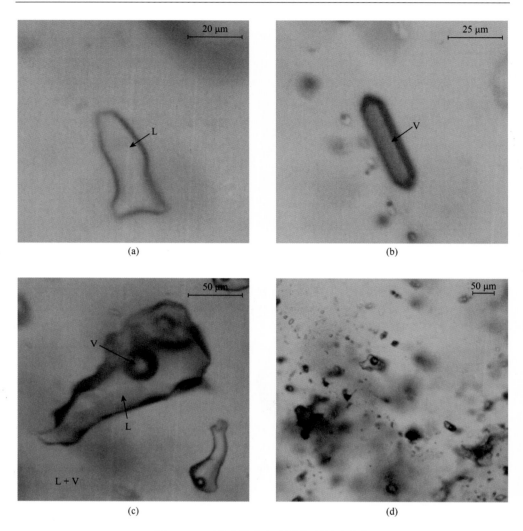

图 5-19　石英中流体包裹体的形貌及种类

（a）纯液相包裹体；（b）纯气相；（c）气液两相；（d）微小包裹体群

和富液相［图 5-18（e）］几类，这里富气相和富液相流体包裹体分别是指包裹体中气相组分和液相组分大于 50% 的包裹体。闪锌矿中的包裹体尺寸大到数十微米，小到几微米甚至更小，如图 5-18（f）中包裹体群所示，有的甚至通过显微镜也难以观察。分析结果表明，闪锌矿中存在数量巨大的包裹体，镜下粗略估计该闪锌矿薄片中流体包裹体的丰度为 7%～10%。

　　如图 5-19 所示，与闪锌矿紧密共生的石英中的流体包裹体种类与闪锌矿中相似，其大小从几微米到上百微米不等，镜下粗略估计石英中流体包裹体的丰度为

15%～20%。对单个 500 μm 的石英颗粒中的流体包裹体进行了高分辨率 X 射线微断层扫描（HRXMT）（图 5-20），发现单个石英颗粒中存在大量尺寸不等的多相不规则物体，这就是石英中所包含的流体包裹体。这些含有流体包裹体的部分呈现出较深的颜色，这是由颗粒中包含流体包裹体的区域与不含流体包裹体的区域对 X 射线信号的贡献不一样造成的。

图 5-20　500 μm 石英单颗粒 HRXMT 扫描图

　　综上所述，闪锌矿及其共生的脉石石英中含有数量巨大的流体包裹体，毋庸置疑，这些流体包裹体在碎矿、磨矿过程中部分将会被破坏，从而导致其组分中的各种离子释放到矿浆溶液中。

5.5.2　闪锌矿流体包裹体冰点温度及盐度

　　单个流体包裹体中的盐度可以通过公式计算得到，即首先通过单个流体包裹体的显微测温实验获得该包裹体的冰点（FP）温度，然后将该冰点温度代入经验公式中计算即可得出该包裹体的盐度。因此，闪锌矿磨矿后，水溶液中氯离子的出现可以作为流体包裹体在磨矿过程中组分释放的一个重要依据。

　　闪锌矿温度升高或降低时，矿物在红外光下的透明度会发生变化，在这种情况下，一般的显微测温技术已不能满足要求，本书中采用循环测温技术来测定闪锌矿中包裹体冰点温度。测试工作是在冷热台（THMS-600，Linkam，英国）上完成，测试过程如下。

　　首先观察 20℃下流体包裹体中气泡的大小、形状及所在的位置，然后迅速降温至过冷状态（–60℃），使流体包裹体中的气泡变瘪或消失；接着升温至–25℃，包裹体中开始出现一个小气泡，再升温至–20.7℃，气泡稍微变大；继续升温至–18.3℃，发现气泡变大到接近室温下的状态，则按 0.2℃/min 的速率缓慢升温，并密切关注气泡的大小变化情况，直到包裹体中气泡几乎达到了室温下的状态时停止升温，记录该温度；为了证实包裹体中的冰已经熔化，则迅速降温至略小于该温度的某一值，如果发现气泡突然变小，表明冰未完全熔化，因此需要继续升温，直至包裹体中气泡与室温下的状态相近，然后再次迅速降温至略小于该温度的某一值，观察包裹体中气泡的变化。按此方法继续循环测定，当流体包裹体中气泡状态与室温下的状态接近，且气泡大小在快速的小幅迅速降温后不再变化，流体包裹体中气泡状态与室温下的状态接近时的温度即为流体包裹体的冰点温度。测出流体包裹体的冰点温度后，流体包裹体的盐度通过以下公式计算（Potter et al.，1978）

$$S = 1.78A - 0.0442A^2 + 0.000557A^3 \tag{5-1}$$

式中，A 为流体包裹体冰点温度的绝对值（℃）；S 为盐度（%，NaCl 质量分数）。由前面的分析可以知道，闪锌矿中流体包裹体数量巨大，因此不可能对其中的每个包裹体进行显微测温来求它的冰点温度及盐度。这里我们采用分区取样法，在红外光学显微镜下从薄片中挑选六个形态较好、气液相较为明显的包裹体来做测量。测得的冰点温度及根据式（5-1）计算出的盐度结果列于表 5-16 中。由表 5-16 可知，闪锌矿中气液两相类的流体包裹体的气液比为 5%～40%，每个包裹体气液比、冰点变化较大，但计算得出的盐度变化较小，为 11.91%～16%，理论计算的平均盐度为 13.71%，所以闪锌矿流体包裹体中含丰富的 NaCl。

表 5-16　闪锌矿中流体包裹体的冰点温度及盐度

编号	类型	气液比/%	平均 FP/℃	平均盐度/%
1	气液型	5～40	−9.20	13.07
2	气液型	8～30	−10.70	14.67
3	气液型	25～30	−8.20	11.93
4	气液型	5～33	−8.18	11.91
5	气液型	5～40	−10.69	14.66
6	气液型	10～30	−12.05	16.00
平均值	—	—	—	13.71

5.5.3　闪锌矿表面流体包裹体位域 SEM-EDS 分析

闪锌矿表面流体包裹体被破坏后会在表面留下一些微米级甚至更小的破

损区域，由于表面吸附作用，这些包裹体破损区域内或多或少残留一些流体包裹体的组分，因此我们可以通过对这些表面流体包裹体破损区域组分的研究来间接获取流体包裹体内部的物质组成，进一步证实流体包裹体的存在。采用 SEM 和 EDS 研究了闪锌矿表面流体包裹体破损区域的几何形貌与化学组成，包裹体破损区域的 SEM 形貌及 EDS 能谱见图 5-21，图 5-21（f）为闪锌矿表面形貌图，图 5-21（a）～图 5-21（e）分别为图 5-21（f）中对应 5 个点的 EDS 能谱分析结果。

　　由图 5-21（f）可知，闪锌矿表面存在很多形状各异、大小不等的凹陷破损区域，这些破损区域原来由流体包裹体组成，在磨片过程中这些区域内的流体包裹体被破坏而残留下微米级大小的破损区域；图中平整区域表明这些地方不含流体包裹体或者是这些地方的包裹体未被破坏。为了证明这些破损区域是流体包裹体破坏后的残留区域，而非薄片制备过程的划痕，作者对图 5-21（f）所示的破损区域和平整区域进行了 EDS 能谱分析。为了排除实验的偶然性，分别取了 4 个破损区域的点（点 1～4）和一个平整区域的点（点 5）来分析。由图 5-21（e）可知，闪

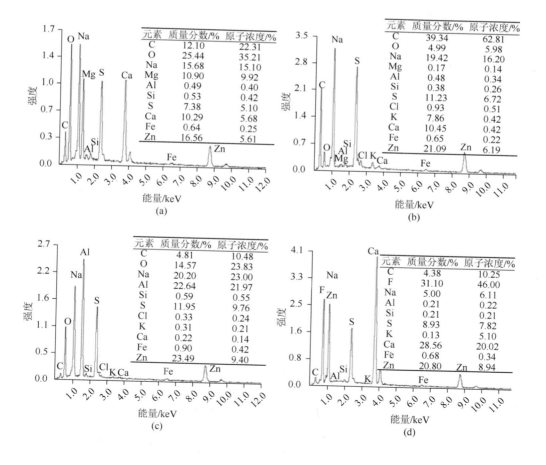

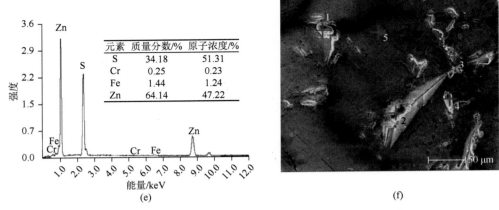

元素	质量分数/%	原子浓度/%
S	34.18	51.31
Cr	0.25	0.23
Fe	1.44	1.24
Zn	64.14	47.22

图 5-21　闪锌矿表面包裹体破损区域的 SEM 图及 EDS 能谱图

（a）～（e）对应点 1～5；（f）表面形貌

锌矿平整区域主要由 Zn 和 S 组成，其质量分数分别为 64.14%和 34.18%，这与之前的纯矿物化学分析结果吻合，Zn/S 浓度比为 0.92，接近闪锌矿理论原子比 1∶1。此外，还检测到少量的 Fe 和 Cr，这两种元素是天然闪锌矿中的常见杂质元素。因此，该区域的组分绝大多数由闪锌矿的组分构成。

　　然而，对四个破损区域点的分析结果显示这些区域的组分明显与平整区域不同。由图 5-21（a）～图 5-21（d）可知，大量含量不同的碱金属及碱土金属元素：K、Ca、Na、Mg 等出现在这些破损区域，而这些元素正是流体包裹体常见的组分元素。这些碱金属及碱土金属元素只能来源于流体包裹体组分释放后的残留，这是由于闪锌矿表面的流体包裹体在被破坏后，其中的组分会释放出来，而形成破损的凹陷区域，而这些破损凹陷区域表面长期吸附的流体包裹体组分被保存下来。此外，这些破损区域的 Zn 和 S 的质量分数严重偏离理论值，如果图 5-21（f）中所示的破损区域是磨片过程中造成的划痕，那么它的组成成分应该与平整区域的组成相同或类似；而 EDS 能谱分析清楚地表明这些破损区域的元素组成明显不同于闪锌矿组分。因此图中所示的破损区域应为闪锌矿表面流体包裹体被破坏后残留下来的包裹体破损区域。特别地，在一些凹陷区域 [图 5-21（b）、图 5-21（c）] 中检测到了 Cl 元素，它是矿物流体包裹体中最常见的组分，因此 Cl 元素的出现为我们的观点提供了强有力的证据。

5.5.4　闪锌矿及石英中流体包裹体组分释放

　　现有研究显示闪锌矿流体包裹体中阳离子成分主要是 Mg^{2+}、Ca^{2+}、Na^+、K^+、Li^+ 及重金属离子等，阴离子主要是 Cl^-、F^-、SO_4^{2-}、HCO_3^{2-} 等（Günther et al.，1998；

Kouzmanov et al., 2010)，地球化学领域关注这些离子的组成及含量，已经形成了直接测定的方法。其中，国外广泛应用激光剥蚀等离子体质谱法（LA-ICP-MS）来直接测定包裹体中各元素的含量并取得了良好的效果，然而，对于其中锌的含量的直接测定至今是个难题。这是因为使用该法，不能排除闪锌矿包裹体体壁（硫化锌本体锌）对包裹体中锌含量的贡献。因此，本书中采用间接测定方法，即磨矿-洗涤法（Su et al., 2001）。闪锌矿流体包裹体中 Zn 和 Cl⁻ 的 ICP-MS/AES 和 IC 检测结果如表 5-17 所示。

表 5-17　闪锌矿中流体包裹体释放的 Zn 和 Cl⁻ 浓度

磨矿时间/min	浓度/($\times 10^{-6}$ mol/L)	
	Zn	Cl⁻
2	6.24	39.72
4	6.88	20.28
6	7.12	13.52
8	8.79	10.99
10	18.35	8.92

由表 5-17 中数据可知，闪锌矿洗涤水中的 C_{Zn_T} 随着磨矿时间的增加而显著增加，当磨矿时间从 2 min 增加到 10 min 时，相应的洗涤水中的 C_{Zn_T} 从 6.24×10^{-6} mol/L 增加到 18.35×10^{-6} mol/L，这是由于随着磨矿细度的增加，被破坏的包裹体数量也就逐渐增加，释放到水溶液中的锌也随之增加。闪锌矿磨矿后的洗涤水中出现大量的氯离子，而这些氯离子只能来源于闪锌矿中流体包裹体的释放，这是因为实验所用的超纯去离子水中是不含氯的。然而，有意思的是洗涤水中的氯离子浓度随磨矿时间的增加而显著逐渐减少，这种反常现象可能是由以下原因引起的。Skou 等（1977）的研究表明在含氯的水溶液中锌离子和氯离子将发生如下反应：

$$Zn^{2+} + nCl^- \rightleftharpoons [ZnCl_n]^{2-n} \quad (n = 1 \sim 4) \tag{5-2}$$

由式（5-2）可知，水溶液中的 Zn^{2+} 可以和 Cl⁻形成不同配位的锌氯络合物，锌能够以 Zn^{2+}、$ZnCl^+$、$ZnCl_2$、$ZnCl_3^-$、$ZnCl_4^{2-}$ 等形式存在，洗涤水中氯离子浓度会随锌的增加而减少是由氯离子与锌离子发生络合造成的，而离子色谱不能检测这些络合物中的氯，只能检测到呈离子态的氯；而 ICP-MS/AES 检测的却是溶液中所有形式的锌浓度。

为了进一步确认表 5-17 中闪锌矿洗涤水中大量的锌来源于闪锌矿流体包裹体的释放而不是闪锌矿自身的溶解，进行了闪锌矿溶解实验。首先，取最大磨矿时间（10 min）的闪锌矿样品 2 g 装入离心管中，然后，加入 40 mL 去离子水超声振荡洗涤 1 min，振荡完成后将离心管放入离心机进行固液分离，所得固体在氩气环境中自然晾干用作后续溶解实验。该过程的目的是除去闪锌矿在磨矿过程中流体包裹体释放的大部分锌，但这种方法不可能完全排除包裹体释放锌的干扰，这是因为磨矿过程中有的包裹体只是产生了裂纹并没有完全打开，因而这部分包裹体组分的释放过程应该比较慢。溶解实验在磁力搅拌器上完成，将去除包裹体组分后自然晾干的闪锌矿 2 g 和去离子水 40 mL 加入一个 50 mL 的玻璃反应器中，然后以 1000 r/min 的速度搅拌，在空气中溶解 3 h，溶解完成后用离心机进行固液分离，取上层清液用 ICP-MS 检测溶液中的锌元素的浓度，实验结果见表 5-18。

表 5-18 闪锌矿去除包裹体后溶解释放的锌浓度

磨矿时间/min	溶解时间/h	pH	C_{Zn_T}/(mol/L)
10	3	6.8	1.93×10^{-6}

由表 5-18 可知，即使在长时间的有氧条件下溶解，闪锌矿在自然 pH 下的去离子水中溶解释放的锌的量也仅为 1.93×10^{-6} mol/L，这远低于相同磨矿条件下闪锌矿洗涤水中锌的含量 18.35×10^{-6} mol/L。此外，根据闪锌矿溶解度的理论计算，闪锌矿在 pH = 6.8 时溶解出来的锌的理论值为 9.18×10^{-8} mol/L，这表明闪锌矿在中性水中的溶解度是非常小的，属难溶硫化物。闪锌矿去除流体包裹体后的溶解实验和理论计算都表明表 5-17 所示的闪锌矿洗涤水中的锌来源于闪锌矿流体包裹体的释放而并非其自身溶解。

在成矿过程中，由于脉石矿物和主矿物的紧密共生关系，脉石矿物也会或多或少地捕获一些主矿物的成矿流体。因此，如果与闪锌矿紧密共生的石英磨矿后的洗涤水中能检测到锌，那么可以进一步间接证明该闪锌矿流体包裹体中含锌，同时能证明脉石矿物也是矿浆溶液中金属离子的贡献者，表 5-19 所示为石英中的锌和氯离子检测结果。

表 5-19 石英中流体包裹体释放的锌和氯离子浓度

磨矿时间/min	浓度/($\times 10^{-6}$ mol/L)	
	Zn	Cl⁻
0.5	0.87	93.80
1	1.12	61.69
2	0.89	74.37
4	0.64	87.32
10	0.88	70.14

由表 5-19 可知，与闪锌矿共生的石英洗涤水中也检测到大量的氯离子和少量的锌，这表明与闪锌矿共生的脉石矿物的流体包裹体中确实含锌，同时也说明主

矿物闪锌矿中的流体包裹体肯定含锌。然而，与表 5-17 中闪锌矿流体包裹体释放的锌相比，石英中流体包裹体所释放的锌浓度要低得多，这一结果与 Wilkinson 等（2009）预测的结果相吻合。例如，相同磨矿时间（10 min）下，石英洗涤水中的锌浓度为 0.88×10^{-6} mol/L，这比闪锌矿洗涤水中锌含量（18.35×10^{-6} mol/L）要低约 20 倍。这是因在成矿过程中，脉石矿物主要捕获成岩流体，其捕获的成矿流体的量要远小于主矿物。我们还注意到，石英洗涤水中的锌浓度和氯离子浓度随磨矿时间的变化不像闪锌矿洗涤水那样有规律，而是随磨矿时间延长呈现出无规律的分布，这可能是由以下两方面原因引起：首先，与闪锌矿相比石英易脆，在相同磨矿频率下，石英在很短时间内就能充分磨细，因此石英中包裹体释放的锌与磨矿时间没有线性对应关系；其次，石英中流体包裹体由于含锌量很低，其分布及各个包裹体中锌和氯的含量与主矿物相比明显不同，可能具有较大的随机性，这与石英在成矿时捕收成矿流体的机会有很大关系。

综上所述，闪锌矿及其紧密共生的脉石中都含有锌，这对实际选矿意义重大，虽然脉石矿物的流体包裹体中所包含的主矿物元素含量很低，但是实际矿石主要是由脉石矿物组成，那么脉石矿物中流体包裹体释放的这些重金属离子的量是不容忽视的。

5.6　方铅矿流体包裹体形貌学及组分释放

5.6.1　方铅矿流体包裹体的红外光学显微分析及 SEM-EDS 分析

方铅矿表层和浅层流体包裹体结构形态见图 5-22，红外光学显微成像结果表明，方铅矿中不但存在着流体包裹体，而且流体包裹体的数量非常多。方铅矿包

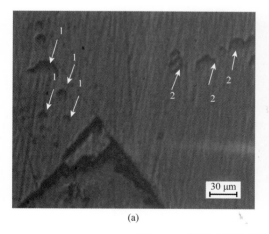
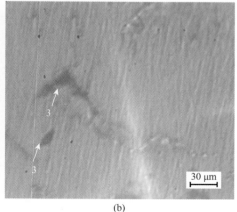

(a)　　　　　　　　　　　　　　　　　(b)

图 5-22　方铅矿浅表层流体包裹体红外显微图

裹体打开后解离面形貌如 5-23 所示。采用 EDS 能谱对方铅矿表面平整区域和表面凹陷的疑似包裹体破裂区域进行分析（图 5-24），结果显示，这些凹陷区域的元素组成和平整区有着明显的区别，Pb 和 S 的原子比严重偏离方铅矿的化学计量，进一步证明这些凹陷区域就是包裹体打开后保存下来的区域，这些外来组分证实包裹体破裂后，残留的凹陷区域长期吸附流体包裹体中的组分，在包裹体组分释放后，仍保留部分吸附痕迹。

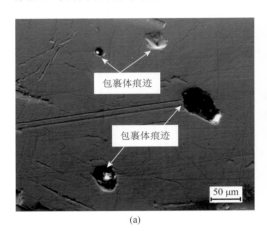

图 5-23　方铅矿流体包裹体破损后残留凹陷部分 SEM 图

5.6.2　方铅矿流体包裹体组分的释放

应用 ICP-MS 和离子色谱（IC）分别检测了方铅矿压碎后流体包裹体释放到

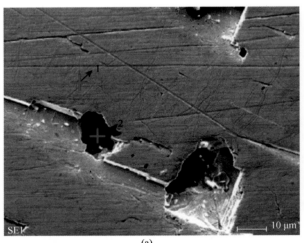

(a)

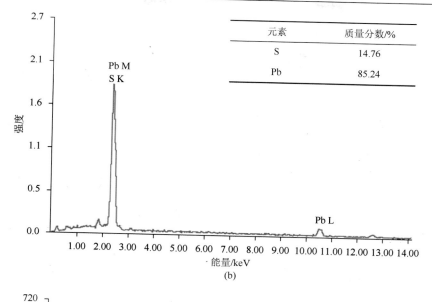

元素	质量分数/%
S	14.76
Pb	85.24

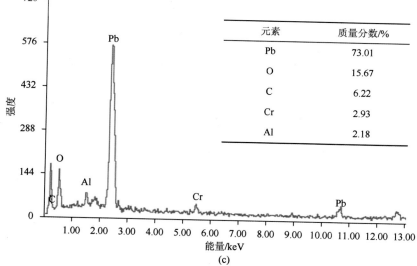

元素	质量分数/%
Pb	73.01
O	15.67
C	6.22
Cr	2.93
Al	2.18

图 5-24　方铅矿流体包裹体残留凹陷区域 EDS 图

（a）表面形貌；（b）和（c）分别对应（a）中位置 1 和 2

溶液中的 Pb 和 Cl⁻浓度（表 5-20），结果发现水溶液中的铅随磨矿时间的增加而显著增加，这是由于随磨矿时间的增加方铅矿中越来越多的包裹体随之打开，铅组分被释放出来。与闪锌矿流体包裹体组分释放类似，溶液中的 Cl⁻浓度随时间延长明显减小。此外，相同磨矿时间（10 min）方铅矿去除包裹体经洗涤的样品在自然 pH 下的去离子水中，经历长达 3 h 的溶解，ICP 检测到铅的量仅为 $1.12 \times$

10^{-6} mol/L，低于相同磨矿条件下方铅矿洗涤水中铅的含量 8.25×10^{-6} mol/L，进一步证实了方铅矿流体包裹体中释放的铅是水溶液中铅的主要来源，而并非其自身的氧化溶解。

表 5-20 方铅矿中流体包裹体释放的 Pb 和 Cl⁻ 浓度

磨矿时间/min	浓度/($\times 10^{-6}$ mol/L)	
	Pb	Cl⁻
4	2.13	90.85
6	3.88	80.54
8	4.32	53.42
10	6.54	45.78
12	8.25	35.43

5.7 黄铁矿流体包裹体形貌学及组分释放

5.7.1 黄铁矿流体包裹体红外光学显微分析

对于透明或半透明矿物，如石英、方解石、萤石、石盐、石榴子石、磷灰石、白云石、重晶石、黄玉和闪锌矿等，应用红外光学显微镜，矿物晶格中的包裹体很容易被观测到；但对于不透明矿物，如黄铁矿、黄铜矿、方铅矿等，红外光学显微镜观测包裹体具有随机性（Bailly et al.，2000），观测的难度较大，但还是可以观测表层和浅层流体包裹体的结构形态，如图 5-25 所示。

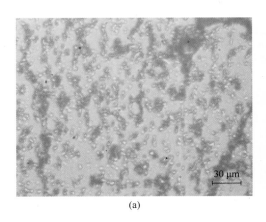
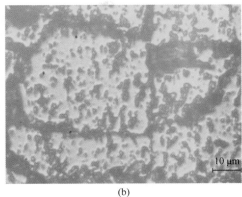

(a) (b)

图 5-25 威信地区黄铁矿的表层和浅层的红外光学表征

　　从图 5-25 中可以观测到颜色较亮和较暗的区域，这些区域表现出了成分的差异。由于样品本身较为纯净，推测这是矿物流体包裹体中流体与主矿物发生反应后在包裹体内壁上形成的成分差异，这种差异造成了对红外光吸收的强度不同，形成区域之间的明暗差别。图中显示黄铁矿中的这些疑似包裹体呈孤立状或成群产出，形状变化多样，有长条状、椭圆状和不规则状，大小在几微米到几十微米不等。由于不透明矿物中包裹体的研究难度较大，很难准确测定，因此必须借助其他检测手段加以辅助证明，下面将逐步介绍。

5.7.2　黄铁矿表面流体包裹体位域的 SEM-EDS 分析

　　将威信地区黄铁矿样品薄片固定在扫描电子显微镜上，先用低倍（500 倍左右）镜扫描，直至找到破裂的包裹体。并用配备的能量色散 X 射线分光仪（工作电压 0.5～30 kV）对目的位域进行半定量分析。

　　图 5-26 显示了黄铁矿流体包裹体破裂后解离面形貌，SEM 表面成像显示黄铁矿解离面上呈现出一定数量凹陷，这些凹陷区域就是包裹体打开以后留下的痕迹。从 SEM 直接观察到的包裹体位域结构和形态来看，这些包裹体大小不一，形状各异。大小从几微米到几十微米不等，部分包裹体是孤立状，部分比较集中产出，形状为长条状、椭圆状、圆球状和不规则状等。SEM 形貌分析结果与黄铁矿表层和浅层流体包裹体红外光学显微成像的分析结果是吻合的。为进一步证明解离面呈现出的凹陷是包裹体破裂后的残留而不是切面造成的划痕，对凹陷区域进行了 EDS 分析。为了进行对照，对如下位置和区域进行了取点分析：凹陷位置（1、2、4、5）和凹陷周边的平面区域（3），如图 5-26（a）～图 5-26（d）中的十字或方框所示。EDS 谱图见图 5-26（e）～图 5-26（i），半定量的元素分析结果见表 5-21。结果表明，凹陷位置除了黄铁矿本身的 S、Fe 元素，还检测到了 Al、Cr、C、O、Ag 和 Cu，尽管这些元素的量很少。值得注意的是，位置 1 和 4 的同名离子（即铁原子）的含量接近理论值的两倍。结果证明，包裹体中的流体有携带成矿元素的能力。而区域 3 的电子能谱显示只呈现 S 和 Fe 的峰，且半定量分析结果显示 S 和 Fe 比非常接近黄铁矿理论组成的化学计量比 2∶1，显然凹陷周边的黄铁矿不含有杂质元素，是纯净的黄铁矿晶体表面，这有别于薄片上的凹陷位置。EDS 能谱和半定量结果表明，凹陷区域的形成不是切面造成的，而是天然存在的，其中 EDS 检测到的相界面成分杂质元素是固有的，它来源于流体包裹体破裂释放后的残留，也就是说这些凹陷区域就是包裹体打开后保存下来的区域，其中的多种离子在气相包裹体和液相包裹体挥发后吸附在包裹体体壁上。

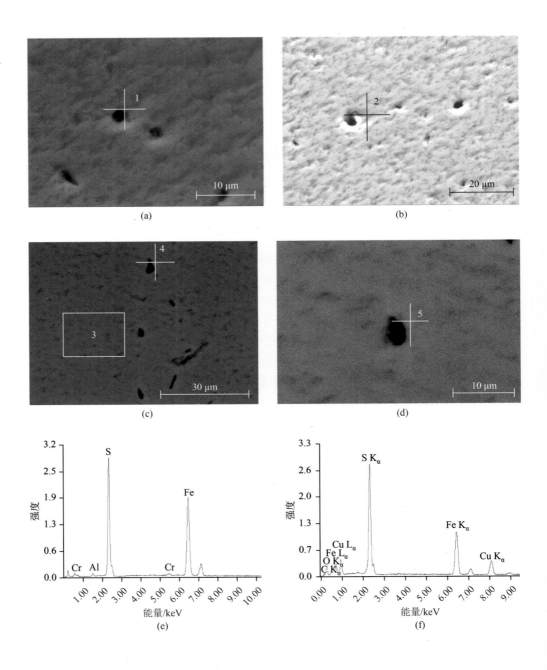

(a)　　　　　　　　　　　　　　　　　　(b)

(c)　　　　　　　　　　　　　　　　　　(d)

(e)　　　　　　　　　　　　　　　　　　(f)

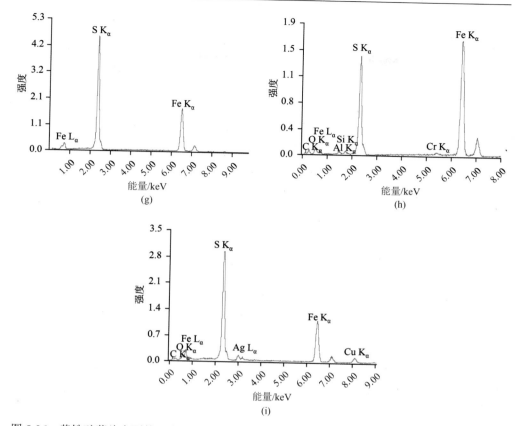

图 5-26　黄铁矿薄片表面的二次电子图像（a）、背散射电子图像 [（b）、（c）、（d）] 及 EDS 图谱：（e）位置 1，（f）位置 2，（g）区域 3，（h）位置 4，（i）位置 5 [（c）、（d）显示的是不同放大倍数的同一区域]

表 5-21　元素的 EDS 半定量分析结果

扫描位置	元素	质量分数/%	原子浓度/%
1	Al	1.69	2.66
	S	39.98	52.94
	Cr	1.12	0.91
	Fe	57.22	43.5
2	C	28.55	57.85
	O	0.31	0.47
	S	35.08	26.63
	Fe	23.39	10.2
	Cu	12.67	4.85
3	S	54.73	67.8
	Fe	45.27	32.2

续表

扫描位置	元素	质量分数/%	原子浓度/%
4	C	9.23	26.54
	O	0.2	0.44
	Al	1.92	2.46
	Si	1.38	1.7
	S	32.27	34.78
	Cr	1.01	0.67
	Fe	53.99	33.4
5	C	6.36	19.07
	O	0.18	0.41
	S	48.35	54.33
	Ag	7.91	2.64
	Fe	31.43	20.28
	Cu	5.77	3.27

5.7.3　黄铁矿微断层的 X 射线三维成像分析

　　采用 HRXMT 对黄铁矿颗粒中的流体包裹体孔洞的结构进行扫描，其扫描形貌见图 5-27。在低倍的 HRXMT 成像图 ［图 5-27（a）］中可以清楚地看出流体包裹体与矿物的对比，图中被圈出的即为流体包裹体孔洞，可以清楚地看到包裹体从整个矿物表面显示出来。图 5-27（b）呈现的为圈出部分的高倍成像，通过测量可以得到包裹体孔隙的直径约为 28 μm，这与上面的研究结果一致。

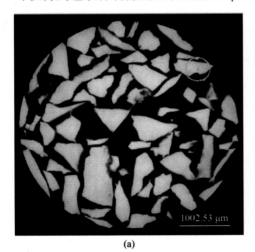
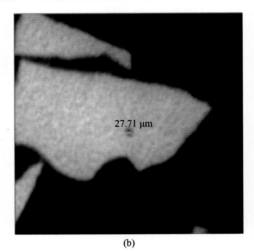

(a)　　　　　　　　　　　　　　　　　　　**(b)**

图 5-27　黄铁矿的 HRXMT 成像分析

（a）低倍；（b）高倍

　　图 5-28 为空隙的 CT 扫描结果，（a）中的直线为扫描的范围，（b）为扫描结果。结果表明，空隙的 CT 值明显要高于外面孔洞处的 CT 值，说明孔洞内部具有其他元素成分，这与 EDS 结果一致。

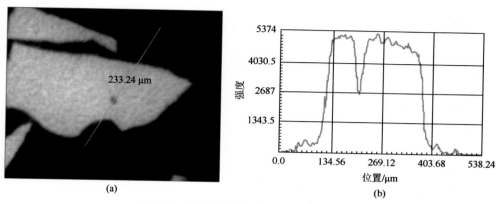

(a)　　　　　　　　　　　　　　　　　　　**(b)**

图 5-28　黄铁矿流体包裹体的 CT 扫描分析

（a）扫描范围；（b）扫描结果

5.7.4　黄铁矿流体包裹体组分的释放

　　黄铁矿流体包裹体中的阳离子成分含有碱金属和碱土金属离子，如 Mg^{2+}、Ca^{2+}、Na^+ 和 K^+ 等，阴离子有 Cl^-、SO_4^{2-} 和 F^- 等，这些已经在地球化学领域得到了广泛证实。但对于其中的重金属和过渡金属离子，如 Cu、Pb、Zn、Fe 等，地球化学领域研究得不多。应用 ICP-MS 和离子色谱（IC）分别检测了黄铁矿压碎之后包裹体释放到溶液中的各组分浓度，为了保证实验数据的可靠性，进行了 7 个平行实验，取平均值，实验结果见表 5-22。

表 5-22　黄铁矿流体包裹体组分释放后水溶液中 Cu、Pb、Zn、Fe、Cl^- 和 SO_4^{2-} 的浓度

实验序号	浓度/($\times 10^{-6}$ mol/L)					
	Cu	Pb*	Zn	Fe	Cl^-	SO_4^{2-}
1	3.81	0.90	0.94	27.82	70.86	87.93
2	3.87	1.73	0.94	31.45	38.57	66.64
3	3.12	0.69	1.37	34.71	56.00	83.79
4	2.54	1.11	2.24	38.29	46.00	61.29
5	2.64	0.50	1.12	31.25	36.57	78.02
6	3.08	0.68	0.81	38.39	82.57	71.72
7	3.95	0.98	1.15	25.76	30.40	81.90
平均值	3.29	0.94	1.23	32.52	51.57	75.90

*单位为 10^{-8} mol/L。

由表 5-22 看出，7 个平行实验中，黄铁矿流体包裹体组分释放后洗涤水溶液中 Cu、Pb 和 Zn 的平均浓度分别为 3.29×10^{-6} mol/L、0.94×10^{-8} mol/L 和 1.23×10^{-6} mol/L。热液成矿的黄铁矿矿床，在成矿过程中常常伴随着与卤水的相互作用。因此，包裹体组分释放后的水溶液中势必会含有 Cl^- 和 SO_4^{2-} 等阴离子，测试结果发现 Cl^- 和 SO_4^{2-} 阴离子的平均浓度分别为 51.57×10^{-6} mol/L 和 75.90×10^{-6} mol/L。由表 5-22 中结果可以看出，尽管作者所采取的实验条件和操作都保持一致，但实验结果还是出现了一些波动，表明黄铁矿晶体中流体包裹体的分布及包裹体中流体所携带的组分含量具有一定的非均匀性和随机性。

为了排除磨矿后黄铁矿水溶液中的组分来自于矿物本身的溶解的影响，将做完包裹体组分释放实验后 2 g 黄铁矿样品晾干，然后和 40 mL 去离子水加入到 50 mL 的玻璃烧杯中，置于磁力搅拌器上在空气中搅拌溶解 5 h，转速为 400 r/min。离心沉降后，取出上层清液用 ICP-MS 检测溶液中的 Cu、Pb、Zn、Fe 离子浓度，用液相色谱仪检测 Cl^- 和 SO_4^{2-} 的浓度。为了便于与黄铁矿包裹体组分释放研究相对照，同样进行了 7 个平行实验，取平均值，溶解实验结果见表 5-23。

表 5-23　黄铁矿溶解后水溶液中 Cu、Pb、Zn、Fe、Cl^- 和 SO_4^{2-} 的浓度

测试组	浓度/($\times 10^{-6}$ mol/L)					
	Cu	Pb*	Zn	Fe	Cl^-	SO_4^{2-}
1	0.35	0.69	0.79	2.00	0.98	3.85
2	0.31	1.32	1.24	2.64	2.70	2.28
3	0.15	0.96	1.07	2.97	1.70	2.76
4	0.26	1.56	0.72	4.23	3.10	3.53
5	0.34	1.70	1.12	3.62	2.28	5.60
6	0.28	0.64	0.66	4.31	2.62	3.62
7	0.34	1.28	1.00	3.25	1.80	2.59
平均值	0.29	1.16	0.94	3.29	2.17	3.46

*单位为 10^{-8} mol/L。

表 5-23 中显示的是黄铁矿溶解的实验结果，水溶液中 Cu、Pb、Zn、Fe、Cl^- 和 SO_4^{2-} 浓度的平均值分别为 0.29×10^{-6} mol/L、1.16×10^{-8} mol/L、0.94×10^{-6} mol/L、3.29×10^{-6} mol/L、2.17×10^{-6} mol/L 和 3.46×10^{-6} mol/L。对比包裹体中流体组分的释放实验结果（表 5-22），黄铁矿溶解后水溶液中 Cu、Fe、Cl^-、SO_4^{2-} 的浓度为前者的 5%～10%，而 Pb、Zn 的浓度变化不大，这说明包裹体流体中的 Cu、Fe、Cl^- 和 SO_4^{2-} 是溶液中"难免"离子的主要来源。不难理解，一方面，盐分溶液具有携带成矿金属离子的作用，在理论上盐度越高，携带能力越大，这些被携带的成

矿离子在成矿时没有沉淀或者没有及时沉淀而被矿物缺陷所捕获，以离子的形式存在于流体包裹体所圈封的区域中；另一方面，被捕获的流体为盐溶液，能与矿物在界面上发生作用，使矿物中的部分金属离子溶入流体，当包裹体被打开时，这些离子将被释放出来。

5.7.5   黄铁矿矿床中石英流体包裹体组分的释放

对于同时期成矿的不同矿物，其中所形成的晶体缺陷及俘获的成矿流体都具有很多的共性。此外，由于石英透明度很好，应用红外光学显微分析，红外光易于穿透石英而在镜下可清晰地观察到其内部结构特征。因此，对连生体石英晶体中的包裹体的研究也能更好地了解共生黄铁矿中的包裹体，以威信地区黄铁矿矿床中石英脉作为样品，应用红外-紫外显微成像研究了石英晶体中包裹体的显微图像，如图 5-29 所示。

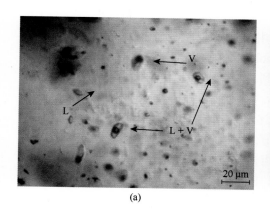 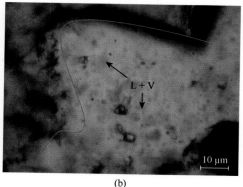

(a)   (b)

图 5-29   石英晶体的红外光学表征

L. 液相；V. 气相；L + V. 气液混合相

图 5-29 石英晶体表面红外成像结果显示，石英晶体中存在大量的流体包裹体，这些包裹体大小从几十纳米到几十微米不等，形状或形态为长条形、椭圆形、不规则形和负晶形。此外，石英包裹体中的流体主要以气液混合相的形式存在，以纯液相或纯气相形态存在的数量较少。此外，从分布情况可以看出一些细小的孔洞缺陷又分布于显微裂隙、位错网及位错线等缺陷中 [图 5-29 (b) 曲线]，一些呈孤立状分布 [图 5-29 (a)]，一些呈聚集群分布。

应用 ICP-MS 和离子色谱分别来测定石英晶体流体包裹体中的流体组分，即磨矿后水溶液中的 Cu、Pb、Zn、Fe、Cl$^-$ 和 SO$_4^{2-}$ 的浓度，实验结果见表 5-24。

表 5-24　石英流体包裹体组分释放后水溶液的 Cu、Pb、Zn、Fe、Cl⁻ 和 SO₄²⁻ 的浓度

实验序号	浓度/($\times 10^{-7}$ mol/L)					
	Cu	Pb*	Zn	Fe	Cl⁻	SO₄²⁻
1	0.84	<0.01	<0.01	7.23	23.50	38.80
2	0.26	<0.01	<0.01	10.05	39.45	25.48
3	0.42	<0.01	<0.01	7.90	23.23	20.06
4	0.88	<0.01	<0.01	5.44	35.00	43.54
5	1.01	<0.01	<0.01	10.28	36.57	16.68
6	1.33	<0.01	<0.01	8.29	46.20	27.52
7	0.60	<0.01	<0.01	3.74	66.40	15.35
平均值	0.76	<0.01	<0.01	7.56	38.62	26.78

*单位为 10^{-8} mol/L。

从表 5-24 可以看出，石英流体包裹体中存在着大量的 Cl^- 和 SO_4^{2-}，这与上面的盐度测量结果符合。7 次平行实验结果中 Cl^- 和 SO_4^{2-} 在水溶液的浓度平均值分别达到 38.62×10^{-7} mol/L 和 26.78×10^{-7} mol/L。同时也检测到微量的 Fe 元素和 Cu 元素，Pb 元素和 Zn 元素几乎没有检测到。

从流体包裹体所释放组分的量来看，相比于黄铁矿，石英中包裹体所释放的组分中 Cu、Fe、Cl^- 和 SO_4^{2-} 相对要低，这说明同一个地区的黄铁矿的包裹体中的流体组分高于石英脉的，这可能是黄铁矿与石英在相同成矿条件下产生不同数量的流体包裹体造成的。但是从包裹体中组分的种类来看，黄铁矿和石英保持一致，即包裹体中流体主要含有 Cu、Fe、Cl^-、SO_4^{2-}，不含或含极少量的 Pb 和 Zn，这与成岩过程中成矿流体所携带的组分有关，这是非常重要的信息。结合上一节的实验结果，可以看出不仅主要的目的矿物能释放成矿元素离子，脉石矿物同样也会释放成矿元素离子，这样包裹体中流体组分对矿浆中"难免"离子的贡献是重要的，将会对浮选造成重要的影响。

5.7.6　大坪掌地区多金属硫化矿矿床中黄铁矿流体包裹体组分的释放

对威信地区黄铁矿和石英样品的研究证实了矿物中流体包裹体的存在，并对包裹体的特征进行了研究，同时定量分析了包裹体组分释放后对水溶液中"难免"离子的贡献。然而，实验结果显示该矿床中的黄铁矿和石英中的流体包裹体几乎不含有重金属元素 Pb 和 Zn。这是由于包裹体的组分与成矿时的条件，包括成矿元素的种类和量都有着密切的关系。为了探究多金属硫化矿矿床中矿物包裹体的化学组分，找出包裹体中组分与成矿元素之间的关系，接下来作者对大坪掌地区多金属矿床中的黄铁矿和石英进行研究。

　　图 5-30 为大坪掌多金属矿的 SEM 照片。在该连生体薄片中清晰地观察到了不同硫化矿物黄铁矿、黄铜矿、方铅矿、闪锌矿与石英的连生关系，而且硫化矿物之间也存在明显的连生关系。这些硫化矿物与石英连生，有溶蚀边，或侵入石英较大的裂隙中，很容易理解，这些成矿流体在石英形成时侵入石英裂隙或溶蚀石英。观察两者接触边界，发现石英中部分呈线状分布的流体包裹体切穿了石英颗粒，延伸至与黄铁矿连接的边界，有理由认为此类包裹体中的流体与成矿条件有着密切的关系。

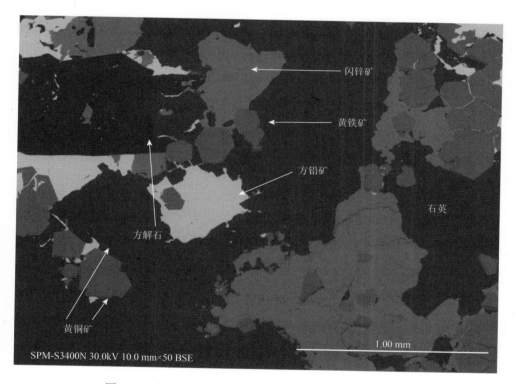

图 5-30　大坪掌地区多金属硫化矿矿床中的矿物连生关系

　　图 5-31 为大坪掌地区黄铁矿的表面高倍数 SEM 图片，从图中可以看到，黄铁矿的解离面上呈现出许多凹陷，从图片中可以观察到的孔洞区域结构和形态来看，这些孔洞就是包裹体破裂后留下的痕迹，而非划痕。这些包裹体大小各异，形状不一，粒度大小从几微米到几十微米不等；此外，这些流体包裹体分布比较随机，部分是孤立状，部分则比较集中，形状为球形、椭圆形、长条状和不规则

形状。石英中的流体包裹体主要以气液混合相的形式存在，以纯液相或纯气相形态存在的数量较少。

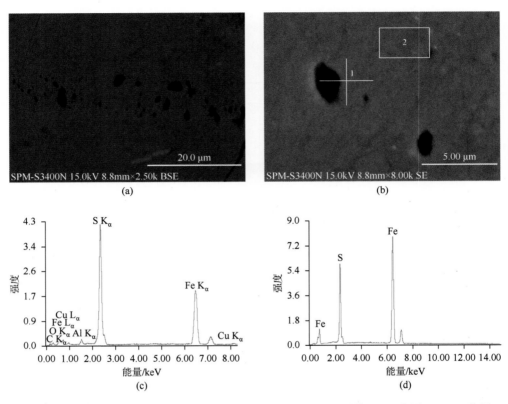

图 5-31 黄铁矿薄片表面背散射电子图像 [（a）、（b）] 及 EDS 图谱：（c）位置 1，（d）位置 2
[（a）、（b）显示的是不同放大倍数的同一区域]

ICP-MS 和离子色谱分别用来测试纯净黄铁矿包裹体释放和溶解的水溶液中的 Cu、Pb、Zn、Fe、Ca、Cl$^-$和 SO$_4^{2-}$ 浓度，结果分别见表 5-25。

表 5-25 黄铁矿流体包裹体释放和溶解的 Cu、Pb、Zn、Fe、Ca、Cl$^-$和 SO$_4^{2-}$ 浓度

项目	实验序号	元素和离子						
		Cu	Pb	Zn	Fe	Ca	Cl$^-$	SO$_4^{2-}$
包裹体释放/ （×10^{-7} mol/L）	1	1.60	16.57	17.93	485.32	23.64	36.00	65.46
	2	3.38	22.57	16.64	506.70	43.52	33.78	32.28
	3	2.31	10.40	23.79	557.54	21.33	35.45	43.44
	平均值	2.43	16.51	19.45	516.52	29.50	35.08	47.06

续表

项目	实验序号	元素和离子						
		Cu	Pb	Zn	Fe	Ca	Cl^-	SO_4^{2-}
溶解/ ($\times 10^{-9}$ mol/L)	1	0.97	—	7.72	11.10	46.43	5.86	14.52
	2	1.23	—	4.12	12.28	78.28	19.27	10.12
	3	0.50	1.23	1.81	8.62	32.53	17.17	17.88
	平均值	0.90	1.23	4.55	10.67	52.41	14.10	14.17

由表 5-25 可以看出，黄铁矿自然溶解的离子浓度，比包裹体释放的要低两个以上数量级，说明流体包裹体释放是这些离子的主要来源。

5.7.7　大坪掌地区多金属硫化矿矿床中石英流体包裹体组分的释放

图 5-32 为大坪掌地区石英的红外显微图片，结果显示，在石英中清晰地观察到了许多流体包裹体。这些包裹体同样大小各异，形状不一，粒度大小从几微米到几十微米不等；此外，这些流体包裹体分布比较随机，部分是孤立状，部分则比较集中，形状为球形、椭圆形、长条状和不规则形状。石英中的流体包裹体主要以气液混合相的形式存在，以纯液相或纯气相形态存在的数量较少。此外，从图中可以看出，其他硫化矿与石英相连 [图 5-32（a）]，或以浸染状存在于石英晶体断面或裂隙中 [图 5-32（b）]，石英中的流体包裹体在连接边缘穿插，或沿矿物间的断面与裂隙向其他矿物中穿插，说明不同矿物形成的时期相同，都会捕获包裹体，而很可能携带的成分相同，浓度不同。

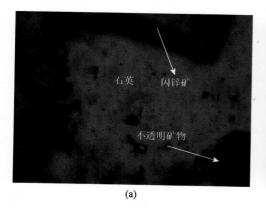
(a)

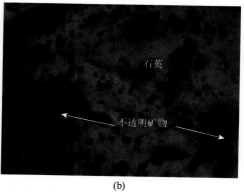
(b)

图 5-32　石英流体包裹体的红外光学表征

　　采用纯净的石英脉矿样进行矿物流体包裹体释放和溶解实验,ICP-MS 和离子色谱分别用来测水溶液中的 Cu、Pb、Zn、Fe、Ca、Cl⁻ 和 SO_4^{2-} 浓度,结果分别见表 5-26。由表 5-26 可以看出,溶解的离子浓度比包裹体释放的要低两个以上数量级,说明包裹体组分释放是这些离子的主要来源,同时还证明多金属硫化矿矿床中的脉石矿物流体包裹体中也含有 Cu、Pb、Zn、Fe 等重金属组分。

表 5-26　石英流体包裹体释放和溶解的水溶液中的 Cu、Pb、Zn、Fe、Ca、Cl⁻和 SO_4^{2-} 的浓度

项目	实验编号	元素与离子						
		Cu	Pb	Zn	Fe	Ca	Cl⁻	SO_4^{2-}
包裹体释放/ ($\times 10^{-7}$ mol/L)	1	1.95	8.33	7.69	91.86	6.84	23.52	6.32
	2	1.55	9.56	6.23	96.42	4.22	15.23	3.24
	3	2.26	8.75	11.01	82.71	7.58	43.10	2.29
	平均	1.92	8.88	8.31	90.33	6.21	27.28	3.95
溶解/ ($\times 10^{-9}$ mol/L)	1	2.26	—	9.44	0.01	12.52	5.86	—
	2	1.38	—	8.56	—	17.40	19.27	—
	3	1.93	—	7.90	—	—	17.17	—
	平均	1.86	—	8.63	0.01	9.97	14.10	—

参 考 文 献

华仁民. 1994. 成矿过程中由流体混合而导致金属沉淀的研究[J]. 地球科学进展, 9 (4): 15-22.

卢焕章, 范宏瑞, 倪培, 等. 2004. 流体包裹体[M]. 北京: 科学出版社.

邱仙辉, 2010. 铜锌难选硫化矿高效浮选分离理论与应用[D]. 赣州: 江西理工大学.

冉崇英. 1989. 论东川-易门式铜矿的矿源与成矿流体[J]. 昆明理工大学学报(理工版), 4: 12-20.

王守旭, 张兴春, 冷成彪, 等. 2008. 滇西北普朗斑岩铜矿锆石离子探针 U-Pb 年龄: 成矿时限及地质意义[J]. 岩石学报, 24 (10): 2313-2321.

章文甫. 1983. 铜锌分离[J]. 矿产综合利用, 2: 41-46.

Bailly L, Bouchot V, Beny C, et al. 2000. Fluid inclusion study of stibnite using infrared microscopy: An example from the Brouzils antimony deposit (Vendee, Armorican massif, France) [J]. Economic Geology, 95 (1): 221-226.

Barton P B, Bethke P M. 1987. Chalcopyrite disease in sphalerite: Pathology and epidemiology[J]. American Mineralogist, 72 (5-6): 451-467.

Beaussart A, Mierczynska-Vasilev A M, Harmer S L, et al. 2011. The role of mineral surface chemistry in modified dextrin adsorption[J]. Journal of Colloid and Interface Science, 357 (2): 510-520.

Bortnikov N S, Genkin A D, Dobrovol'Skaya M J, et al. 1991. The nature of chalcopyrite inclusions in sphalerite: Exsolution, coprecipitation, or "disease"? [J]. Economic Geology, 86 (5): 1070-1082.

Campbell A R, Hackbarth C J, Plumlee G S, et al. 1984. Internal features of ore minerals seen with the infrared microscope[J]. Economic Geology, 79: 1387-1392.

Clarke P, Arora P, Fornasiero D, et al. 1995. Separation of chalcopyrite or galena from sphalerite: a flotation and X-ray photoelectron spectroscopic study[M]//Mehrotra S P, Shekhar R. Mineral Processing: Recent Advances and Future Trends. New Delhi: Allied Publishers Limited: 369-378.

Crawford M L. 1981. Phase equilibria in aqueous fluid inclusions[M]//Hollister L S, Crawford M L. Short Course in Fluid Inclusions: Applications to Petrology. Quebec: Mineralogical Association of Canada Short Course Handbook, 6: 75-100.

Ding J Y, Ni P, Rao B. 2005. Synthetic fluid inclusion of CaCl$_2$-H$_2$O system[J]. Acta Petrologica Sinica, 21 (5): 1425-1428.

Günther D, Audétat A, Frischknecht R, et al. 1998. Quantitative analysis of major, minor and trace elements in fluid inclusions using laser ablation-inductively coupled plasmamass spectrometry[J]. Journal of Analytical Atomic Spectrometry, 13 (4): 263-270.

Kouzmanov K, Pettke T, Heinrich C A. 2010. Direct analysis of ore-precipitating fluids: Combined IR microscopy and LA-ICP-MS study of fluid inclusions in opaque ore minerals[J]. Economic Geology, 105 (2): 351-373.

Lin C, Miller J. 2000. Network analysis of filter cake pore structure by high resolution X-ray microtomography[J]. Chemical Engineering Journal, 77 (1): 79-86.

Lin C, Miller J. 2002. Cone beam X-ray microtomography—A new facility for three-dimensional analysis of multiphase materials[J]. Minerals and Metallurgical Processing, 19 (2): 65-71.

Liu J, Wen S M, Xian Y J, et al. 2012. Dissolubility and surface properties of a natural sphalerite in aqueous solution[J]. Minerals & Metallurgical Processing, 29 (2): 113-120.

Luders V, Gutzmer J, Beukes N J. 1999. Fluid inclusion studies in cogenetic hematite, hausmannite, and gangue minerals from high-grade manganese ores in the Kalahari manganese field, South Africa[J]. Economic Geology, 94 (4): 589-595.

Majima H. 1969. How oxidation affects selective flotation of complex sulphide ores[J]. Canadian Metallurgical Quarterly, 8 (3): 269-273.

Peng Y, Grano S, Fornasiero D. et al. 2003. Control of grinding conditions in the flotation of chalcopyrite and its separation from pyrite[J]. International Journal of Mineral Processing, 69 (1): 87-100.

Potter R W, Clynne M A, Brown D L. 1978. Freezing point depression of aqueous sodium chloride solutions[J]. Economic Geology, 73 (2): 284-285.

Rao S R, Finch J A. 1989. A review of water re-use in flotation[J]. Minerals Engineering, 2 (1): 65-85.

Shen W Z, Fornasiero D, Ralston J. 1998. Effect of collectors, conditioning pH and gases in the separation of sphalerite from pyrite[J]. Minerals Engineering, 11 (2): 145-158.

Skou E, Jacobsen T, van der Hoeven W, et al. 1977. On the zinc-chloride complex formation[J]. Electrochimica Acta, 22 (2): 169-174.

Stanton M R, Gemery-Hill P A, Shanks W C, et al. 2008. Rates of zinc and trace metal release from dissolving sphalerite at pH 2.0~4.0[J]. Applied Geochemistry, 23 (2): 136-147.

Su W, Hu R, Qi L, et al. 2001. Trace elements in fluid inclusions in the Carlin-type gold deposits, southwestern Guizhou Province[J]. Chinese Journal of Geochemistry, 20 (3): 233-239.

Tan K X, Zhang Z R, Wang Z G. 1996. The mechanism of surface chemical kinetics of dissolution of minerals[J]. Chinese Journal of Geochemistry, 15 (1): 51-60.

Wei Y, Sandenbergh R F. 2007. Effects of grinding environment on the flotation of Rosh Pinah complex Pb/Zn ore[J]. Minerals Engineering, 20 (3): 264-272.

Wilkinson J J, Stoffell B, Wilkinson C C, et al. 2009. Anomalously metal-rich fluids form hydrothermal ore deposits[J]. Science, 323 (5915): 764-767.

第6章 硫化矿溶解特性及包裹体组分释放后的溶液化学行为

通过本书前面的介绍可知，有色金属铜、铅、锌、铁硫化矿及其脉石矿物中含有大量天然存在的流体包裹体，这些包裹体中富含 Na^+、K^+、Ca^+、Mg^{2+}、Cl^-、SO_4^{2-}、Cu^{2+}、Pb^{2+}、Zn^{2+} 等众多化学组分。伴随着碎矿、磨矿过程，矿物中流体包裹体将被破坏和打开，进而导致包裹体中的"古流体"释放，即包裹体组分的释放。这些大量释放的包裹体组分必将对矿浆溶液化学体系和矿物表面性质产生重要影响，尤其是其中像铜、铅这样具有活化作用的重金属组分。再加之硫化矿自身溶度积常数较小、溶解度极低，例如，铜锌硫化矿物溶解度在 $10^{-15}\sim10^{-9}$ mol/L 范围内，通过溶解释放的重金属组分量有限。因此，硫化矿及其脉石矿物包裹体所释放的重金属组分应引起矿物加工领域的重视。本章将首先从硫化矿的自身溶解出发，阐述硫化矿的溶解特性，并进一步阐明硫化矿流体包裹体组分对矿浆溶液中重金属离子来源的重要贡献。此外，本章还将从溶液化学计算的角度，重点讨论这些矿浆中来源于矿物包裹体、氧化溶解等释放的 Cu^{2+}、Pb^{2+}、Zn^{2+} 等离子的溶液化学行为，以阐述包裹体组分释放后在溶液环境中的变化。

6.1 硫化矿溶解特性

6.1.1 研究方法

本书对铜、铅、锌硫化矿的单矿物进行了非氧化溶解（在氩气环境下）和氧化溶解（在饱和氧气氛下）两种溶解实验，以研究其在不同条件下的溶解规律及硫化矿矿物由溶解产生的同名金属组分的含量，即黄铜矿溶解产生的铜和铁的含量，闪锌矿溶解产生的锌的含量，黄铁矿溶解产生的铁的含量。

首先将实验所用去离子水进行去氧处理，即用高纯氩气（99.99%）进行充气去氧 60 min。将单矿物破碎至 2 mm 以下，将粒度为 1～2 mm 的矿物颗粒作为溶解实验的样品。配制 0.5% 的 HCl 溶液并进行去氧处理，用于矿物清洗。将样品浸泡于 HCl 溶液 12 h，再用超声波清洗器清洗 10 min，然后用去离子水反复漂洗 20次，接着在氩气保护下自然晾干。在撞击式球磨仪（MM400，Retsch，德国）中将纯矿物磨细至粒度 20 μm 以下，取 2 g 样品连同 40 mL 去氧去离子水或溶液加入烧杯。将烧杯置于磁力搅拌器上，设定需要的搅拌时间进行溶解实验。搅拌结束后，将矿浆离心进行固液分离，取上层清液，作为 ICP-MS 测试样品。非氧化溶解实验的整个过程在氩气保护的手套箱中完成；而氧化溶解的过程中，向烧杯中通入 3 L/min 的氧气。实验采用 2 mol/L 的盐酸和 2 mol/L 的氢氧化钠配制不同 pH 的溶液，配制所使用的仪器为具有酸碱滴定功能的 Zeta Probe 界面电位分析仪。

　　为了尽可能保证实验结果的准确性和可靠性，ICP-MS 测试中采用 Mill-Q5O 超纯水和 CMOS 级化学分析纯药剂配制标准溶液，在超洁净的实验室进行。标准溶液和样品的测定采用内标法，即将 10 mL 1×10^{-6} g/L 的铑（Rh）溶液加入样品溶液和标准溶液中作为内标，其目的在于减小或去除等离子体质谱仪分析时的信号干扰，空白样与样品测试同批次进行，以降低仪器操作误差。

6.1.2　黄铜矿表面溶解特性

　　当磨矿产品进入水溶液时，矿物表面会发生水化作用，进而发生表面溶解，溶解产生的离子及溶解后的表面特征对浮选效果有重要影响，为了查明黄铜矿新鲜表面在水溶液中的溶解行为，进行了黄铜矿表面溶解特性实验。文献报道的多为强氧化或强酸碱条件下黄铜矿的溶解动力学，但是实际浮选用水常常是天然水源；另有学者研究了铜矿物在天然水中长时间的溶解特性，但溶解时间长达上百小时，这与实际浮选时间无法对应。因此，本书中主要研究了较短时间内黄铜矿在去离子水中的溶解行为。黄铜矿在非氧化和氧化环境下不同机械搅拌时间及不同 pH 溶液中溶解特性结果分别如图 6-1 和图 6-2 所示。

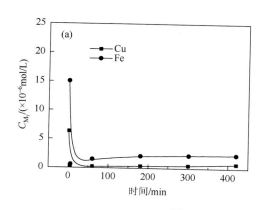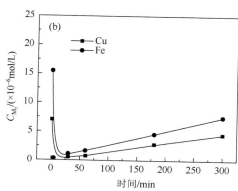

图 6-1　黄铜矿溶解与时间的关系

（a）非氧化条件；（b）氧化条件

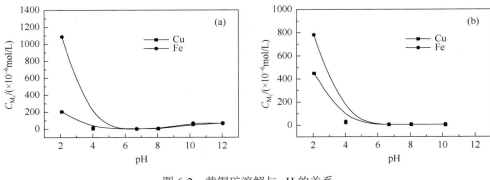

图 6-2　黄铜矿溶解与 pH 的关系

（a）非氧化条件；（b）氧化条件

图 6-1 和图 6-2 的实验结果表明，氩气和氧气两种环境中，黄铜矿在水溶液中的溶液曲线在初始阶段出现了一个异常的点，也就是新鲜磨矿样品直接与水溶液混合后立刻进行固液分离得到的液体中的铜、铁含量，重复多次实验都出现这个异常点，但是在机械搅拌 6 min 以后的时间段内，却呈现出一定的规律性。在曲线上有规律的范围内，水溶液中铜和铁的浓度相近，并随时间的变化关系基本呈线性关系。在强酸、碱性和氧化性的溶液中，不同研究者提出过不同的黄铜矿反应模型（Ikiz et al.，2006；Prosser，1996），大致有流膜扩散、表面化学反应、深部溶解三个阶段，每个阶段的反应模型不尽相同，常见以下几种形式：$1-(1-\alpha)^{1/3}=kt$, $-\ln(1-\alpha)=kt$, $1-2/3\alpha-(1-\alpha)^{2/3}=kt$, $[1-(1-\alpha)^{1/3}]^2=kt$，其中 k 为速率常数。机械搅拌时间、粒度、温度及溶液中氧化物浓度对黄铜矿在酸性溶液中溶解的影响已有很多研究报道，但是这些非线性和指数化的模型不适合本研究的实验结果。考虑温度、机械搅拌时间等因素可以设为恒定，溶解过程中黄铜矿表面会发生变化，有效比表面积（s）对溶解有影响，用溶解时间 t 作为自变量，针对实验结果提出了以下模型：$C=ks^m t+n$，其中，k、m、n 为常数。拟合结果表明，在 ks^m 为常数的情况下，溶解随时间的变化关系呈现动态平衡的关系，这表明天然黄铜矿在氩气和氧气环境下，除去初期的异常点，其后的溶解过程中，尽管表面发生溶解，但有效比表面积等保持动态平衡。在氧气环境中，黄铜矿表面铁的溶解与时间之间的线性关系相对差一些，这表明表面氧化对铁的溶解产生了影响，表面氧化反应在一定程度控制着铁的溶解。氧气环境下，氧为电子接受体，20℃的常温下，下面的总体化学反应不剧烈

$$CuFeS_{2(s)}+4O_{2(aq)}=Cu^{2+}_{(aq)}+Fe^{2+}_{(aq)}+2SO^{2-}_{4\ (aq)} \tag{6-1}$$

结果表明，氧气环境下，黄铜矿溶解初期仍由表面性质控制，表面氧化反应影响甚微，未起到主导作用。

不同 pH 溶液在氩气和氧气环境中，溶液酸性越强，黄铜矿溶解程度越高，酸性条件下，黄铜矿总体反应式如下

$$CuFeS_{2(s)} + 4H^+_{(aq)} === Cu^{2+}_{(aq)} + Fe^{2+}_{(aq)} + 2H_2S_{(aq)} \quad (6-2)$$

在中性和碱性溶液中，黄铜矿在较短的机械搅拌时间内溶解程度相差不大。在整个 pH 范围内，溶液中铁元素含量略高于铜元素含量。结果所显示的这些性质影响表面原子组成和变化迁移，加入酸或碱，控制矿浆 pH，可以促进或阻碍黄铜矿溶解，从而调节黄铜矿和其他矿物的浮选性质。

综合以上黄铜矿表面溶解研究结果，发现短时间内氧化对黄铜矿溶解的影响并不大；图 6-1 初始的异常点，是个反复验证确认的异常点，是一个很值得注意和分析研究的对象。磨矿后的黄铜矿刚与水溶液接触还来不及有效溶解反应，那么初始阶段铜、铁离子浓度较高的事实，只能归因于矿物本身。结合前面矿物流体包裹体组分在磨矿过程的释放，有理由认为这正是黄铜矿包裹体中铜、铁组分引起的波动。反过来，黄铜矿的溶解异常现象也解释了包裹体组分的释放。黄铜矿溶液中的铜、铁离子除了表面溶解之外，还有新的来源，这个新来源就是黄铜矿中的流体包裹体的释放。从溶液中铜、铁离子浓度对比来看，中性 pH 环境下包裹体组分中铜、铁释放对溶液中的铜、铁贡献占主导作用。

6.1.3 闪锌矿表面溶解特性

为了确定闪锌矿的溶解特性，分别研究了闪锌矿在氩气环境和饱和氧环境中不同 pH 下和不同机械搅拌时间的溶解趋势，溶解后溶液中总锌浓度（C_{Zn_T}）与 pH 和时间的关系分别如图 6-3 和图 6-4 所示。图 6-3 中的理论计算值由式（6-3）得出（Liu et al.，2012）。

$$C^2_{Zn_T} = 2.5 \times 10^{-22} \times (1 + 2.51 \times 10^{pH-10} + 2.0 \times 10^{2pH-17} + 1.38 \times 10^{3pH-28} + 3.18 \times 10^{4pH-39})$$
$$\times (1 + 0.70 \times 10^{20-2pH} + 0.77 \times 10^{13-pH})$$

$$(6-3)$$

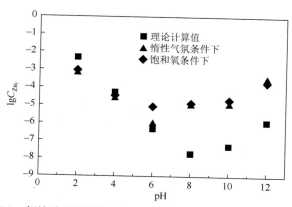

图 6-3 闪锌矿溶解后溶液中 C_{Zn_T} 对数与 pH 的关系（$t = 3\ h$）

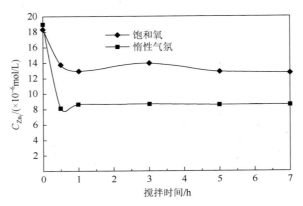

图 6-4　闪锌矿溶解后溶液中 $C_{\mathrm{Zn_T}}$ 与搅拌时间的关系（pH = 6.8）

由图 6-3 和图 6-4 可知，在饱和氧和惰性气氛中，闪锌矿在不同 pH 和不同搅拌时间下的溶解规律基本相同。酸性条件下溶液中的 $C_{\mathrm{Zn_T}}$ 随 pH 升高而降低，碱性下随 pH 升高而升高，溶液酸性或碱性越强溶解释放出的锌就越多，这些规律都与理论计算趋势相吻合。与 pH 相比，溶液中溶解氧的含量对闪锌矿的溶解影响很小，饱和氧和惰性条件下溶液中锌浓度相差不大且数量级吻合，这表明闪锌矿在溶液中很稳定，不容易氧化溶解，溶解主要受溶液 pH 控制。

值得注意的是，当 pH<6 时，实际测得的 $C_{\mathrm{Zn_T}}$ 与理论计算得出的 $C_{\mathrm{Zn_T}}$ 的数量级较为吻合，这表明理论计算是可靠的；然而当 pH≥6 时，闪锌矿的水溶液中锌浓度值的数量级普遍要比计算的理论值大 100~1000 倍，反复测定都表现出这样的异常。同样地，与黄铜矿的溶解类似，图 6-4 也显示了在中性 pH 下一开始（$t = 0$）测得的 $C_{\mathrm{Zn_T}}$ 是整个溶解时间范围内最高的，约为 1.8×10^{-5} mol/L，该值是由式（6-3）理论计算所得到数值的 1000 倍，这是非常不正常的。因为此时闪锌矿刚与水溶液接触还来不及溶解且磨矿的时候闪锌矿表面不含氧化成分和其他杂质，一开始较高的锌浓度只能来源于矿物流体包裹体组分的释放。

由图 6-3 可知，pH<6 时由于闪锌矿自身溶解出的锌浓度相对较大，流体包裹体释放的锌对溶液 $C_{\mathrm{Zn_T}}$ 影响较小，而当 pH≥6 后，闪锌矿自身溶解出的锌浓度很小，因此流体包裹体释放的锌对溶液锌浓度产生了贡献。与黄铜矿溶解类似，溶解时间范围内氧气对闪锌矿的溶解贡献并不显著，没有 pH 的影响显著。

6.1.4　黄铁矿表面溶解特性

图 6-5 和图 6-6 分别表示不同 pH 下黄铁矿的非氧化和氧化溶解规律，溶解搅拌时间为 60 min。从图中可以看出，溶液中 S 的浓度较 Fe 的浓度高。非氧化溶解

时,在 pH = 2 时,溶液中的 S 浓度较低,这是由于在强酸性条件下,黄铁矿与氢离子作用释放出硫化氢(Lu,2002)。在弱酸性和弱碱性条件下,对于黄铁矿的非氧化溶解,溶液中 S 的浓度变化不大,而在强碱性条件下,对于黄铁矿的氧化溶解,S 的浓度有所升高,这是由于 S 被氧化为硫酸根离子溶于溶液中。在非氧化和氧化溶解中,溶液中的 Fe 在酸性条件下溶解较多,随着 pH 的升高 Fe 浓度降低,这是由于生成了氢氧化亚铁和氢氧化铁。而相对于非氧化环境,氧化增加了黄铁矿溶解(Moses et al.,1987;Singer and Stumm,1970),见式(6-4)和式(6-5)。

$$FeS_2 + 7/2O_2 + H_2O \longrightarrow Fe^{2+} + 2SO_4^{2-} + 2H^+ \tag{6-4}$$

$$FeS_2 + 15/4O_2 + 7/2H_2O \longrightarrow Fe(OH)_3 + 2SO_4^{2-} + 4H^+ \tag{6-5}$$

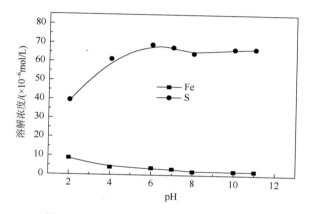

图 6-5 黄铁矿的非氧化溶解与 pH 的关系

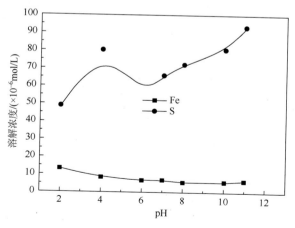

图 6-6 黄铁矿的氧化溶解与 pH 的关系

图 6-7 和图 6-8 分别为黄铁矿在惰性气氛和饱和氧气氛下的溶解与搅拌时间

的关系。从图中可以看出，对于黄铁矿的非氧化和氧化溶解，在溶解初期（0.2～10 min），Fe、S 的溶解量都较高，在这个时间段黄铁矿的溶解率随时间增加而减小，重复多次实验都出现这样的现象。进一步增加溶解时间，黄铁矿的溶解呈现出一定的规律。可以看出，在短期的溶解过程中（10～300 min），对于黄铁矿的非氧化溶解，溶液中的 Fe 浓度随时间的变化不大；而对于氧化溶解，在 10～120 min，溶液中的 Fe 浓度随时间的增加而增加但增加不明显，120 min 后变化不大。溶解过程中，pH 有所下降，并在 3.5～4 变化。从整个溶解实验来看，黄铁矿的溶解机理非常复杂，中间产物多。黄铁矿在中性水溶液中的溶解过程也显示了溶解异常现象，出现了一开始 Fe、S 含量高，随时间延长降低最后有升高直至平衡的现象，这种一开始 Fe、S 浓度高，随后的溶解过程呈现相对稳定的现象正是矿物流体包裹体组分释放导致的。

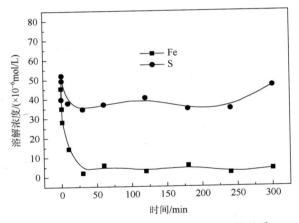

图 6-7　黄铁矿非氧化溶解与搅拌时间的关系

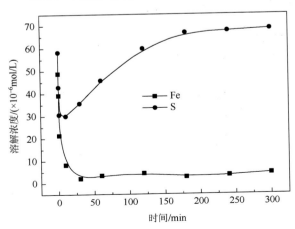

图 6-8　黄铁矿氧化溶解与搅拌时间的关系

6.2　硫化矿溶解平衡理论计算

作为自然界常见的一大类矿物，硫化矿的共同特点是难溶于水，但它们的溶解度受溶液 pH 的影响较为显著，这在前面硫化矿溶解特性研究中可以看出。矿物的氧化溶解是目前公认的矿浆溶液中 "难免" 离子的一个重要来源。本节将从溶液化学的角度对硫化矿在纯水中和不同 pH 溶液中的溶解进行计算，进而形成一个完整的硫化矿溶解理论体系。通过硫化矿在不同条件下溶解度的计算结果和前面矿物流体包裹体研究中矿物包裹体释放组分浓度大小的定量比较，进一步说明硫化矿浮选中矿物包裹组分对矿浆溶液组分的贡献程度。

6.2.1　纯水中硫化矿的溶解度

矿物有一定的溶解度，特别是盐类矿物，溶解度较大。在它们的饱和水溶液中，溶解有较多的矿物晶格离子，对浮选过程将产生较大影响。已有一些矿物溶解度的测定数据，但尚不完全，而且不同产地的同种矿物，溶解度也可能存在差异。根据热力学数据，由矿物的化学计量式和各种平衡关系，可求出矿物在一定条件下的溶解度的理论值，从而讨论它们对浮选的影响。本节内容主要借鉴王淀佐院士《浮选溶液化学》一书中的计算方法（王淀佐和胡岳华，1988）。

设矿物在水中处于平衡后，溶解的成分全部以离子的形式 M^{n+} 和 A^{m-} 存在，此处 M^{n+} 是矿物阳离子，A^{m-} 是矿物阴离子，则在矿物的饱和水溶液中存在下列平衡

$$M_mA_n \rightleftharpoons mM^{n+} + nA^{m-} \qquad (6\text{-}6)$$

相应的平衡常数，即矿物的溶度积写作

$$K_{sp} = [M^{n+}]^m [A^{m-}]^n \qquad (6\text{-}7)$$

由于溶液中往往存在其他能与 M 络合的配位体，这种络合反应及 M^{n+} 的水解反应和 A^{m-} 的加质子反应，都会对矿物的溶解度产生影响，这时需采用条件溶度积的概念。定义矿物的条件溶度积为

$$K'_{sp} = [M]'^m [A]'^n \qquad (6\text{-}8)$$

式中，$[M]'$ 和 $[A]'$ 分别为矿物饱和水溶液中 M 和 A 的总浓度。$[M]'$ 与游离金属离子浓度 $[M^{n+}]$ 之间用副反应系数 α_m 相联系，其意义与式(6-8)基本相同。$[A]'$ 与 $[A^{m-}]$ 之间用 A^{m-} 的加质子反应的副反应系数相关联。因此

$$\alpha_M = [M]'/[M^{n+}], \alpha_A = [A]'/[A^{m-}] \qquad (6\text{-}9)$$

$$K'_{sp} = [M^{n+}]^m [A^{m-}]^n \alpha_M^m \alpha_A^n = K_{sp} \alpha_M^m \alpha_A^n \qquad (6\text{-}10)$$

对于 MA 型矿物为

$$K'_{sp} = K_{sp}\alpha_M\alpha_A \tag{6-11}$$

设 S_m 为矿物的溶解度，单位为 mol/L，$[M]' = mS_m$，$[A]' = nS_m$，则

$$K'_{sp} = (mS_m)^m(nS_m)^n = K_{sp}\alpha_M^m\alpha_A^n \tag{6-12}$$

$$S_m = \left(\frac{K_{sp}\alpha_M^m\alpha_A^n}{m^m \cdot n^n}\right)^{\frac{1}{m+n}} \tag{6-13}$$

对于 MA 型矿物则有

$$S_m = (K_{sp}\alpha_M \cdot \alpha_A)^{1/2} \tag{6-14}$$

由于不同矿物的阳离子的水解及络合反应和阴离子的加质子反应存在差别，下面分别讨论不同的矿物类型的溶解度的计算。

计算硫化矿的溶解度时，需要考虑阳离子的水解反应和阴离子 S^{2-} 的加质子反应，在硫化矿的饱和水溶液中，S 的总浓度为

$$[S'] = [S^{2+}] + [HS^-] + [H_2S]$$

$$= [S^{2+}](1 + \beta_1^H[H^+] + \beta_2^H[H^+]^2)$$

$$\alpha_S = 1 + \beta_1^H[H^+] + \beta_2^H[H^+]^2 \tag{6-15}$$

金属离子的总浓度为

$$[M]' = [M^{n+}] + [M(OH)^{n-1}] + \cdots + [M(OH)_k^{n-k}]$$

$$\alpha_M = 1 + \beta_1[OH^-] + \beta_2[OH^-]^2 + \cdots + \beta_k[OH^-]^k \tag{6-16}$$

对于 M_mS_n 型矿物

$$K'_{sp} = K_{sp}\alpha_M^m\alpha_S^n \tag{6-17}$$

以方铅矿为例

$$PbS \rightleftharpoons Pb^{2+} + S^{2-} \quad K_{sp} = 10^{-27.5} \tag{6-18}$$

由于 PbS 溶度积很小，由 S^{2-} 加合质子而引起的溶液 pH 的变化可不考虑，而将溶液的 pH 当作 7，则

$$\alpha_S = 1 + 10^{13.9}[H^+] + 10^{20.92}[H^+]^2 = 1.63 \times 10^7$$

$$\alpha_{Pb} = 1 + 10^{6.3}[OH^-] + 10^{10.9}[OH^-]^2 + 10^{13.9}[OH^-]^3 = 1.2$$

$$K'_{sp} = 10^{-27.5} \times 1.63 \times 10^7 \times 1.2 = 6.19 \times 10^{-21}$$

$$[S_m] = [K'_{sp}]^{1/2} = 7.87 \times 10^{-11}$$

同理，查阅后续表（表 6-3 和表 6-4）中相关数据，根据上述公式，就可计算出其他硫化矿在纯水中的溶解度，见表 6-1。可以看出，硫化矿在纯水中的溶解度一般很小。表中数据还表明，计算的溶解度与文献报道的结果基本一致。

表 6-1　硫化矿在纯水中的溶解度（王淀佐和胡岳华，1988）

矿物	化学式	溶解度/(mol/L)		矿物	化学式	溶解度/(mol/L)	
		计算值	测定值			计算值	测定值
铜蓝	CuS	3.6×10^{-15}	—	硫铁矿	FeS	3.6×10^{-8}	—
辉铜矿	Cu_2S	1.1×10^{-14}	—	硫镉矿	CdS	1.23×10^{-10}	—
黄铜矿	$CuFeS_2$	1.9×10^{-14}	—	硫钴矿	$CoS(\alpha)$	9.0×10^{-8}	—
方铅矿	PbS	7.9×10^{-11}	3.6×10^{-11}	针镍矿	$NiS(\alpha)$	8.1×10^{-7}	—
闪锌矿	$ZnS(\alpha)$	1.0×10^{-9}	1.47×10^{-9}	辉银矿	Ag_2S	1.4×10^{-17}	—
闪锌矿	$ZnS(\beta)$	—	—	辰砂	HgS	5.1×10^{-20}	—
黄铁矿	FeS_2	5.8×10^{-8}	—				

　　需要注意的是，硫化物在纯水中的溶解度虽然有大量数据发表，但数据间差异较大，主要原因是研究者采用的计算方法不一样，同时很多文献值未指明物质状态，相同物质结晶状态不同，也会造成溶解度差异。此外，不同文献中所研究的矿物种类也不太一样，因此，本书中还给出了其他文献中硫化矿溶解度的一些数据以供参考，如表 6-2 所示。

表 6-2　硫化物的溶解度及饱和溶液的 pH（18～25℃，100 kPa）（贾建业等，2001）

矿物	溶解度 $S/(g/L)$			饱和溶液的 pH
	文献值 1	文献值 2	计算值	
辉银矿	8.4×10^{-14}	2.48×10^{-15}	2.5×10^{-12}	7.00
螺状硫银矿	—	—	2.9×10^{-12}	7.00
辉铜矿	1×10^{-13}	1.19×10^{-15}	4.7×10^{-12}	7.00
铜蓝	0.00033	2.55×10^{-15}	1.7×10^{-12}	7.00
硫铁矿	0.0062	0.00616	2.2×10^{-4}	8.22
黄铁矿	0.0049	—	1.3×10^{-4}	7.98
辰砂	0.00001	0.00001	1.4×10^{-16}	7.00
黑辰砂	—	—	2.0×10^{-16}	7.00
硫锰矿	0.0047	0.00623	3.8×10^{-3}	9.53
方铅矿	0.00086	9.4×10^{-7}	2.7×10^{-8}	7.00
纤维锌矿	0.0069	—	5.3×10^{-6}	7.16
闪锌矿	0.00066	—	4.7×10^{-7}	7.01
雌黄	0.0005	2.48×10^{-13}	—	—
辉铋矿	0.00018	0.00018	1.7×10^{-10}	7.00
辉锑矿	0.00175	0.00175	1.4×10^{-6}	6.98

表 6-3　金属离子羟基络合物稳定常数（25℃）（王淀佐和胡岳华，1988）

金属离子	$\lg\beta_1$	$\lg\beta_2$	$\lg\beta_3$	$\lg\beta_4$	pK_{sp}
Mg^{2+}	2.58	1.0	—	—	11.15
Ca^{2+}	1.4	2.77	—	—	5.22
Ba^{2+}	0.6	—	—	—	3.6
Mn^{2+}	3.4	5.8	7.2	7.3	12.6
Fe^{2+}	4.5	7.4	10.0	9.6	15.1
Co^{2+}	4.3	8.4	9.7	10.2	14.9
Ni^{2+}	4.1	8.0	11.0	—	15.2
Cu^{2+}	6.3	12.8	14.5	16.4	19.32
Zn^{2+}	5.0	11.1	13.6	14.8	15.52～16.46
Pb^{2+}	6.3	10.9	13.9	—	15.1～15.3
Cr^{3+}	9.99	11.88	—	29.87	30.27
Al^{3+}	9.01	18.7	27.0	33.0	33.5
Fe^{3+}	11.81	22.3	32.05	34.3	38.8
Ce^{3+}	5.9	11.7	16.0	18.0	21.9
Zr^{4+}	14.32	28.26	41.41	55.27	57.2
La^{3+}	5.5	10.8	12.1	19.1	22.3
Ti^{4+}	14.15	27.88	41.27	54.33	58.3

表 6-4　矿物及化合物的溶解度（王淀佐和胡岳华，1988）

化合物	pK_{sp}	化合物	pK_{sp}	化合物	pK_{sp}
MnS（粉红）	10.5	$FeCO_3$	10.68	$Ca_{10}(PO_4)_6F_2$	118
MnS（绿）	13.5	$ZnCO_3$	10.0	$Ca_{10}(PO_4)_6(OH)_2$	115
FeS	18.1	$PbCO_3$	13.13	$CaHPO_4$	7.0
FeS_2	28.3	$CuCO_3$	9.83	$FePO_4 \cdot 2H_2O$	36.0
$CoS(\alpha)$	21.3	$CaCO_3$	8.35	Fe_2O_3	42.7
$CoS(\beta)$	25.6	$CaCO_3$	8.22	FeOOH	41.5
$NiS(\alpha)$	19.4	$MgCO_3$	7.46	ZnO	16.66
$NiS(\beta)$	24.9	$CoCO_3$	9.98	CaF_2	10.41
$NiS(\gamma)$	26.6	$NiCO_3$	6.87	$ZnSiO_3$	21.03
Cu_2S	48.5	$CaSO_4$	4.62	Fe_2SiO_4	18.92
CuS	36.1	$BaSO_4$	9.96	$CaSiO_3$	11.08
$CuFeS_2$	61.5	$PbSO_4$	6.20	$MnSiO_3$	13.20
$ZnS(\alpha)$	24.7	$SrSO_4$	6.50	HgS	53.5
$ZnS(\beta)$	22.5	$CaWO_4$	9.3	Ag_2S	50.0
CdS	27.0	$MnWO_4$	8.84		
PbS	27.5	$FeWO_4$	11.04		
$MnCO_3$	9.30	$AlPO_4 \cdot 3H_2O$	18.24		

6.2.2　不同 pH 下硫化矿的溶解度

对于 MS 型硫化物，其解离平衡表达式可写成（贾建业等，2001）

$$MS \Longleftrightarrow M^{2+} + S^{2-}, K_D = \frac{[M^{2+}][S^{2-}]\gamma_{\pm}^2}{[MS]\gamma_0} \tag{6-19}$$

如果溶液中有固体 MS 存在，处于饱和状态，就可得到一个经过改进的解离平衡表达式

$$MS(s) \Longleftrightarrow MS(aq) \Longleftrightarrow M^{2+} + S^{2-} \tag{6-20}$$

式中，MS（aq）代表不带电荷的分子 MS，也代表离子对 $M^{2+}S^{2-}$。在饱和溶液中，对于某一特定溶质来说，$[MS]\gamma_0$ 是常数，[MS] 包括 MS 和 $M^{2+}S^{2-}$。式（6-19）可整理成

$$[M^{2+}][S^{2-}]\gamma_{\pm}^2 = K_D[MS]\gamma_0 \tag{6-21}$$

对于饱和溶液来说，[MS] 为摩尔溶解度或固有溶解度 S^0，则

$$K_{sp} = [M^{2+}][S^{2-}]\gamma_{\pm}^2 = K_D S^0 \tag{6-22}$$

式中，γ_0 被定义为 1。若不涉及其他平衡，这种 MS 型电解质的溶解度 S 等于 $[M^{2+}]$ 或 $[S^{2-}]$ 与 S^0 之和。

在水溶液中，M^{2+} 水解形成各种氢氧基（羟基）或多核氢氧化物，引起氢氧基配合效应（水解效应）

$$M^{2+} \xrightarrow{+OH^-} M(OH)^+ \xrightarrow{+OH^-} M(OH)_2 \xrightarrow{+OH^-} \cdots \xrightarrow{+OH^-} M(OH)_n^{n-2}$$

S^{2-} 水解为 HS^- 和 H_2S：

$$S^{2-} \xrightarrow{+OH^-(pK_{a2}=12.90)} HS^- \xrightarrow{+H^+(pK_{a1}=6.97)} H_2S$$

若水中有配位体 L 存在，L 与 M 形成配合物，使溶解度增大。M^{2+} 和 S^{2-} 只占总浓度中一小部分。

设 $\delta_{M^{2+}}$ 和 $\delta_{S^{2-}}$ 分别为 M^{2+} 和 S^{2-} 的分布系数，即离子在总浓度中所占的份数，则可有

$$\delta_{M^{2+}} = \frac{1}{1 + \sum_{i=1}^{n} \beta_{OH,i}[OH^-]^i + \sum_{i=1}^{m} \beta_{L,i}[L^-]^i} \tag{6-23}$$

$$\delta_{S^{2-}} = \frac{K_{a1}K_{a2}}{[H^+]^2 + [H^+]K_{a1} + K_{a1}K_{a2}} \tag{6-24}$$

式中，$\beta_{OH,i}$ 为金属离子 M^{2+} 与 OH^- 的第 i 级累积稳定常数；K_{a1}、K_{a2} 为 H_2S 的解离常数，$K_{a1} = 1.3 \times 10^{-7}$，$K_{a2} = 7.1 \times 10^{-15}$；$\beta_{L,i}$ 为 M 与配位体 L 的第 i 级累积稳定常数。当忽略其他配位体 L 时，式（6-23）可简化为

$$\delta_{M^{2+}} = \frac{1}{1 + \sum_{i=1}^{n} \beta_{OH,i}[OH^-]^i} \tag{6-25}$$

M^{2+} 因水解而形成多核氢氧化物，因而式（6-23）、式（6-25）的计算值与实测值略有差异。设 S 为硫化物的溶解度（mol/L）；$[M^{2+}]$ 和 $[S^{2-}]$ 为 M^{2+} 和 S^{2-} 的平衡浓度，那么

$$[M^{2+}] = S\delta_{M^{2+}}, [S^{2-}] = S\delta_{S^{2-}} \tag{6-26}$$

将式（6-26）代入式（6-22）得

$$K_{sp} = S\delta_{M^{2+}} \cdot S\delta_{S^{2-}} \cdot \gamma_{\pm}^2 \tag{6-27}$$

$$S = \sqrt{\frac{K_{sp}}{\gamma_{\pm}^2 \delta_{M^{2+}} \delta_{S^{2-}}}} \tag{6-28}$$

所以对于 M_2S 型硫化物

$$S = \sqrt[3]{\frac{K_{sp}}{4\gamma_{\pm}^3 \delta_{M^{2+}} \delta_{S^{2-}}}} \tag{6-29}$$

对于 M_2S_3 型硫化物

$$S = \sqrt[5]{\frac{K_{sp}}{108\gamma_{\pm}^5 \delta_{M^{2+}}^2 \delta_{S^{2-}}^3}} \tag{6-30}$$

活度系数在 25℃时使用简化的 Debye-Hüchel 极限公式

$$\lg\gamma_{\pm} = -0.509|Z_+Z_-|\sqrt{I} \tag{6-31}$$

式中，$\gamma_{\pm}$ 为平均活度系数；I 为离子强度，$I = \frac{1}{2}\sum m_i Z_i^2$，单位 mol/kg；$Z_+$、$Z_-$ 分别为阳离子、阴离子的价态；m_i 为第 i 种离子的质量摩尔浓度，单位 mol/kg。

计算给定 pH 硫化物溶解度时步骤如下：

（1）将 pH 代入式（6-24）、式（6-25）计算 $\delta_{M^{2+}}$ 和 $\delta_{S^{2-}}$；

（2）设 $\gamma_{\pm} = 1$；

（3）把 K_{sp}、$\delta_{M^{2+}}$ 和 $\delta_{S^{2-}}$ 代入式（6-28）、式（6-29）或式（6-30）得溶解度 S_0；

（4）以 S_0 代替 m_i 计算离子强度 I，把 I 代入式（6-31）计算 $\gamma_{\pm}$，再按步骤（3）求得溶解度 S_1。

根据 K_{sp} 计算 pH = 1～12 内的溶解度 S，作出曲线如图 6-9 所示。该图显示出硫化物矿物在不同 pH 时的溶解规律，硫铁矿、硫锰矿、纤维锌矿溶解度较大；对于 MS 型硫化物，当 pH≤6 时，溶解的 S^{2-} 几乎全部水解为 H_2S。当 H_2S 浓度达到 0.1 mol/L 时（图中虚线以上），硫化物气体逸出。只要有足够的酸，硫化物将继续溶解。以上三种矿物易溶于稀酸，辉银矿、螺状硫银矿、辉铜矿比较难溶。

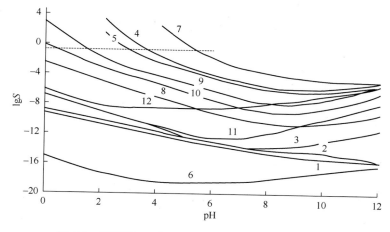

图 6-9　溶解度 lg$S$ 与 pH 的关系（贾建业等，2001）

1. 辉银矿、螺状硫银矿；2. 辉铜矿；3. 铜蓝；4. 硫铁矿；5. 黄铁矿；6. 辰砂、黑辰砂；7. 硫锰矿；
8. 方铅矿；9. 纤维锌矿；10. 闪锌矿；11. 辉铋矿；12. 辉锑矿

　　通过以上硫化矿溶解特性的实验研究和溶解理论平衡计算，我们可以得出结论，在纯水溶液中矿物流体包裹体释放的铜、铅、锌重金属组分占主导作用，而当溶液体系 pH 发生变化时，尤其是在酸性条件下，硫化矿自身溶解的金属离子贡献增大。

6.3　矿浆溶液金属离子化学平衡计算

6.3.1　Cu^{2+}的配衡反应及组分分布

　　金属离子在水溶液中会发生水解反应，生成各种羟基络合物，其中各组分的浓度可以通过溶液平衡关系求得。Cu^{2+}是有色金属硫化矿浮选中最重要的"难免"活化离子，矿浆溶液中 Cu^{2+}的溶液化学反应平衡及组分分布是研究铜活化硫化矿物的基础，研究表明 Cu^{2+}在水溶液中会形成 4 种铜的配合物，即 Cu(OH)$^+$、Cu(OH)$_2$、Cu(OH)$_3^-$、Cu(OH)$_4^{2-}$，相关的配位反应及各反应的累积稳定常数如下

$$Cu^{2+} + OH^- \rightleftharpoons Cu(OH)^+ \quad \beta_1 = \frac{C_{Cu(OH)^+}}{C_{Cu^{2+}} C_{OH^-}} = 10^{6.3} \quad （6\text{-}32）$$

$$Cu^{2+} + 2OH^- \rightleftharpoons Cu(OH)_2 \quad \beta_2 = \frac{C_{Cu(OH)_2}}{C_{Cu^{2+}} C_{OH^-}^2} = 10^{12.8} \quad （6\text{-}33）$$

$$Cu^{2+} + 3OH^- \rightleftharpoons Cu(OH)_3^- \quad \beta_3 = \frac{C_{Cu(OH)_3^-}}{C_{Cu^{2+}} C_{OH^-}^3} = 10^{14.5} \quad （6\text{-}34）$$

$$Cu^{2+} + 4OH^- \xrightleftharpoons Cu(OH)_4^{2-} \quad \beta_4 = \frac{C_{Cu(OH)_4^{2-}}}{C_{Cu^{2+}} C_{OH^-}^4} = 10^{16.4} \quad (6\text{-}35)$$

式中，β_1、β_2、β_3、β_4 分别为式（6-32）～式（6-35）对应反应的累积稳定常数；C 为相应组分的浓度。根据质量守恒定律，溶液中总的铜浓度可以表示为

$$C_{Cu_T} = C_{Cu^{2+}} + C_{Cu(OH)^+} + C_{Cu(OH)_2} + C_{Cu(OH)_3^-} + C_{Cu(OH)_4^{2-}} \quad (6\text{-}36)$$

式中，C_{Cu_T} 为水溶液中各种形式的铜的总浓度；将式（6-32）～式（6-35）代入式（6-36）中，得

$$C_{Cu_T} = C_{Cu^{2+}} (1 + \beta_1 C_{OH^-} + \beta_2 C_{OH^-}^2 + \beta_3 C_{OH^-}^3 + \beta_4 C_{OH^-}^4) \quad (6\text{-}37)$$

溶液中 OH^- 浓度和 H^+ 浓度的关系可以表示为

$$C_{OH^-} = \frac{10^{-14}}{C_{H^+}} \quad (6\text{-}38)$$

将式（6-38）代入式（6-37）中，可以得出

$$C_{Cu_T} = C_{Cu^{2+}} \left(1 + \frac{\beta_1 10^{-14}}{C_{H^+}} + \frac{\beta_2 10^{-28}}{C_{H^+}^2} + \frac{\beta_3 10^{-42}}{C_{H^+}^3} + \frac{\beta_4 10^{-56}}{C_{H^+}^4} \right) \quad (6\text{-}39)$$

定义副反应系数 α_M，其中 $M = 0 \sim 4$，α_0、α_1、α_2、α_3 和 α_4 分别代表溶液中 Cu^{2+}、$Cu(OH)^+$、$Cu(OH)_2$、$Cu(OH)_3^-$、$Cu(OH)_4^{2-}$ 占溶液中 C_{Cu_T} 的百分比，则水溶液中各组分占总 C_{Cu_T} 的百分比可表示为

$$\alpha_0 = \frac{C_{Cu^{2+}}}{C_{Cu_T}} = \left(1 + \frac{\beta_1 10^{-14}}{C_{H^+}} + \frac{\beta_2 10^{-28}}{C_{H^+}^2} + \frac{\beta_3 10^{-42}}{C_{H^+}^3} + \frac{\beta_4 10^{-56}}{C_{H^+}^4} \right)^{-1} \quad (6\text{-}40)$$

$$\alpha_1 = \frac{C_{Cu(OH)^+}}{C_{Cu_T}} = \frac{C_{Cu^{2+}}}{C_{Cu_T}} \times \frac{C_{Cu(OH)^+}}{C_{Cu^{2+}}} = \alpha_0 \frac{\beta_1 10^{-14}}{C_{H^+}} \quad (6\text{-}41)$$

$$\alpha_2 = \frac{C_{Cu(OH)_2}}{C_{Cu_T}} = \frac{C_{Cu^{2+}}}{C_{Cu_T}} \times \frac{C_{Cu(OH)_2}}{C_{Cu^{2+}}} = \alpha_0 \frac{\beta_2 10^{-28}}{C_{H^+}^2} \quad (6\text{-}42)$$

$$\alpha_3 = \frac{C_{Cu(OH)_3^-}}{C_{Cu_T}} = \frac{C_{Cu^{2+}}}{C_{Cu_T}} \times \frac{C_{Cu(OH)_3^-}}{C_{Cu^{2+}}} = \alpha_0 \frac{\beta_3 10^{-42}}{C_{H^+}^3} \quad (6\text{-}43)$$

$$\alpha_4 = \frac{C_{Cu(OH)_4^{2-}}}{C_{Cu_T}} = \frac{C_{Cu^{2+}}}{C_{Cu_T}} \times \frac{C_{Cu(OH)_4^{2-}}}{C_{Cu^{2+}}} = \alpha_0 \frac{\beta_4 10^{-56}}{C_{H^+}^4} \quad (6\text{-}44)$$

式（6-40）～式（6-44）之间的内在关系为

$$\alpha_0 + \alpha_1 + \alpha_2 + \alpha_3 + \alpha_4 = 1 \quad (6\text{-}45)$$

由以上各式可知，Cu^{2+} 在水溶液中的存在形态与溶液 pH 紧密相关，将溶液 pH 代入式（6-40）中，就可以求得该 pH 下溶液中游离的 Cu^{2+} 占溶液中的 C_{Cu_T} 的

百分比 α_0，再将 α_0 分别代入式（6-41）～式（6-44）又可以求得溶液中 $Cu(OH)^+$、$Cu(OH)_2$、$Cu(OH)_3^-$、$Cu(OH)_4^{2-}$ 的百分比。以 α_M 对 pH 作图可得不同 pH 下溶液中各铜组分的百分比，见图 6-10。

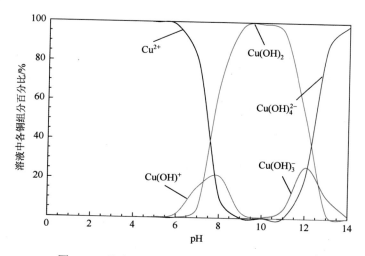

图 6-10　溶液中各铜组分百分比与 pH 的关系图

由图 6-10 可知，不同溶液 pH 下铜的存在形式不同，当 pH≤7.5 时，溶液中的铜主要以游离的 Cu^{2+} 和少量的 $Cu(OH)^+$ 和 $Cu(OH)_2$ 存在，其中 $Cu(OH)^+$ 和 $Cu(OH)_2$ 分别在溶液 pH>5.5 和 pH>6.5 才出现；当 pH≤5.5 后溶液中的铜完全以游离的 Cu^{2+} 形式存在；当溶液 7.5<pH≤12.25 时溶液中的铜主要以 $Cu(OH)_2$ 和少量的 Cu^{2+}、$Cu(OH)^+$、$Cu(OH)_3^-$、$Cu(OH)_4^{2-}$ 形式存在，且在 9<pH<11 内，溶液中的 $Cu(OH)_2$ 的含量达 95%以上；当溶液 pH>12.25 时溶液中的铜主要以 $Cu(OH)_4^{2-}$ 和少量的 $Cu(OH)_3^-$ 和 $Cu(OH)_2$ 的形式存在，pH = 13 时 $Cu(OH)_4^{2-}$ 的百分比高达 87%。

根据图 6-10 中溶液中各铜组分百分比与 pH 之间的对应关系，只要测得溶液中总铜浓度和溶液 pH 就可以相应地计算出溶液中 Cu^{2+}、$Cu(OH)^+$、$Cu(OH)_2$、$Cu(OH)_3^-$、$Cu(OH)_4^{2-}$ 的具体浓度值。

6.3.2　Zn^{2+} 的配衡反应及组分分布

除 Cu^{2+} 外，Zn^{2+} 也是硫化矿浮选矿浆溶液中常见的"难免"离子之一，Zn^{2+} 的存在通常对闪锌矿的单独浮选不利，尤其对其天然可浮性影响较大，这是因为 Zn^{2+} 与矿浆溶液中的 OH^- 结合生成亲水性的锌的羟基配合物，这些羟基配合物吸附在闪锌矿表面不仅使矿物表面亲水，还能排挤部分捕收剂，但这对铜锌分离中浮铜抑锌却反而有利。研究表明，与 Cu^{2+} 的溶液化学反应平衡类似，Zn^{2+} 在水溶液中也会形成 4 种锌的配合物，它们是 $Zn(OH)^+$、$Zn(OH)_2$、$Zn(OH)_3^-$、$Zn(OH)_4^{2-}$，相关的配位反应及各反应的累积稳定常数如下（Veeken et al.，2003；李二平等，2001）

$$Zn^{2+} + OH^- \rightleftharpoons Zn(OH)^+ \quad \beta_1 = \frac{C_{Zn(OH)^+}}{C_{Zn^{2+}} C_{OH^-}} = 10^5 \tag{6-46}$$

$$Zn^{2+} + 2OH^- \rightleftharpoons Zn(OH)_2 \quad \beta_2 = \frac{C_{Zn(OH)_2}}{C_{Zn^{2+}} C_{OH^-}^2} = 10^{11.1} \tag{6-47}$$

$$Zn^{2+} + 3OH^- \rightleftharpoons Zn(OH)_3^- \quad \beta_3 = \frac{C_{Zn(OH)_3^-}}{C_{Zn^{2+}} C_{OH^-}^3} = 10^{13.6} \tag{6-48}$$

$$Zn^{2+} + 4OH^- \rightleftharpoons Zn(OH)_4^{2-} \quad \beta_4 = \frac{C_{Zn(OH)_4^{2-}}}{C_{Zn^{2+}} C_{OH^-}^4} = 10^{14.8} \tag{6-49}$$

式中，β_1、β_2、β_3、β_4 分别为式（6-46）～式（6-49）对应反应的累积稳定常数；C 表示相应组分的浓度。根据质量守恒定律，溶液中总的锌浓度可以表示为

$$C_{Zn_T} = C_{Zn^{2+}} + C_{Zn(OH)^+} + C_{Zn(OH)_2} + C_{Zn(OH)_3^-} + C_{Zn(OH)_4^{2-}} \tag{6-50}$$

式中，C_{Zn_T} 为水溶液中各种形式的锌的总浓度；将式（6-46）～式（6-49）代入式（6-50）中，得

$$C_{Zn_T} = C_{Zn^{2+}}(1 + \beta_1 C_{OH^-} + \beta_2 C_{OH^-}^2 + \beta_3 C_{OH^-}^3 + \beta_4 C_{OH^-}^4) \tag{6-51}$$

溶液中 OH^- 浓度和 H^+ 的浓度的关系可以表示为

$$C_{OH^-} = \frac{10^{-14}}{C_{H^+}} \tag{6-52}$$

将式（6-52）代入式（6-51）中，可以得出

$$C_{Zn_T} = C_{Zn^{2+}}\left(1 + \frac{\beta_1 10^{-14}}{C_{H^+}} + \frac{\beta_2 10^{-28}}{C_{H^+}^2} + \frac{\beta_3 10^{-42}}{C_{H^+}^3} + \frac{\beta_4 10^{-56}}{C_{H^+}^4}\right) \tag{6-53}$$

定义副反应系数 α_M，其中 $M = 0\sim4$，α_0、α_1、α_2、α_3 和 α_4 分别代表溶液中 Zn^{2+}、$Zn(OH)^+$、$Zn(OH)_2$、$Zn(OH)_3^-$、$Zn(OH)_4^{2-}$ 占溶液中总 C_{Zn_T} 的百分比，则水溶液中各锌组分的相对百分含量为

$$\alpha_0 = \frac{C_{Zn^{2+}}}{C_{Zn_T}} = \left(1 + \frac{\beta_1 10^{-14}}{C_{H^+}} + \frac{\beta_2 10^{-28}}{C_{H^+}^2} + \frac{\beta_3 10^{-42}}{C_{H^+}^3} + \frac{\beta_4 10^{-56}}{C_{H^+}^4}\right)^{-1} \tag{6-54}$$

$$\alpha_1 = \frac{C_{Zn(OH)^+}}{C_{Zn_T}} = \frac{C_{Zn^{2+}}}{C_{Zn_T}} \times \frac{C_{Zn(OH)^+}}{C_{Zn^{2+}}} = \alpha_0 \frac{\beta_1 10^{-14}}{C_{H^+}} \quad (6\text{-}55)$$

$$\alpha_2 = \frac{C_{Zn(OH)_2}}{C_{Zn_T}} = \frac{C_{Zn^{2+}}}{C_{Zn_T}} \times \frac{C_{Zn(OH)_2}}{C_{Zn^{2+}}} = \alpha_0 \frac{\beta_2 10^{-28}}{C_{H^+}^2} \quad (6\text{-}56)$$

$$\alpha_3 = \frac{C_{Zn(OH)_3^-}}{C_{Zn_T}} = \frac{C_{Zn^{2+}}}{C_{Zn_T}} \times \frac{C_{Zn(OH)_3^-}}{C_{Zn^{2+}}} = \alpha_0 \frac{\beta_3 10^{-42}}{C_{H^+}^3} \quad (6\text{-}57)$$

$$\alpha_4 = \frac{C_{Zn(OH)_4^{2-}}}{C_{Zn_T}} = \frac{C_{Zn^{2+}}}{C_{Zn_T}} \times \frac{C_{Zn(OH)_4^{2-}}}{C_{Zn^{2+}}} = \alpha_0 \frac{\beta_4 10^{-56}}{C_{H^+}^4} \quad (6\text{-}58)$$

同理，将溶液 pH 代入式（6-54）中，我们就可以求得该 pH 下溶液中 Zn^{2+} 的百分比 α_0，再将 α_0 分别代入式（6-55）～式（6-57）中又可以求得溶液中 $Zn(OH)^+$、$Zn(OH)_2$、$Zn(OH)_3^-$、$Zn(OH)_4^{2-}$ 的百分比，图 6-11 所示为溶液中各锌组分的百分比与溶液 pH 之间的关系。

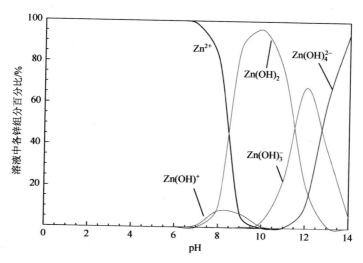

图 6-11　溶液中各锌组分的百分比与 pH 的关系图

由图 6-11 可知，当 pH≤8.5 时溶液中的锌主要以游离的 Zn^{2+} 和少量的 $Zn(OH)^+$ 和 $Zn(OH)_2$ 形式存在，其中 $Zn(OH)^+$ 和 $Zn(OH)_2$ 在 pH＞6.5 后才开始出现，而 pH＜6.5 时溶液中的锌全部以游离 Zn^{2+} 的形式存在，当 pH＝8～8.5 时 $Zn(OH)^+$ 的百分比最大，约为 9%；当 8.5＜pH＜11.5 时溶液中的锌主要以 $Zn(OH)_2$ 和少量的 Zn^{2+}、$Zn(OH)^+$、$Zn(OH)_3^-$ 形式存在；当 11.5＜pH＜13 时溶液中的锌主要以 $Zn(OH)_3^-$ 的形式存在，且在 pH＝12.25 左右达最大值 68%；当 pH＞13 时溶液中锌的主要存在形式为 $Zn(OH)_4^{2-}$。

6.3.3 Pb^{2+}的配衡反应及组分分布

在水溶液中重金属 Pb^{2+}会形成配离子 Pb(OH)$^+$、Pb(OH)$_2$、Pb(OH)$_3^-$、Pb$_2$(OH)$^{3+}$、Pb$_4$(OH)$_4^{4+}$、Pb$_6$(OH)$_8^{4+}$ 多种配合物，相关配位反应及累积稳定常数分别为（冯宁川，2009）

$$\text{Pb}^{2+} + \text{OH}^- \rightleftharpoons \text{Pb(OH)}^+ \qquad \beta_1 = \frac{C_{\text{Pb(OH)}^+}}{C_{\text{Pb}^{2+}} C_{\text{OH}^-}} = 10^{6.2} \qquad （6\text{-}59）$$

$$\text{Pb}^{2+} + 2\text{OH}^- \rightleftharpoons \text{Pb(OH)}_2 \qquad \beta_2 = \frac{C_{\text{Pb(OH)}_2}}{C_{\text{Pb}^{2+}} C_{\text{OH}^-}^2} = 10^{10.3} \qquad （6\text{-}60）$$

$$\text{Pb}^{2+} + 3\text{OH}^- \rightleftharpoons \text{Pb(OH)}_3^- \qquad \beta_3 = \frac{C_{\text{Pb(OH)}_3^-}}{C_{\text{Pb}^{2+}} C_{\text{OH}^-}^3} = 10^{13.3} \qquad （6\text{-}61）$$

$$2\text{Pb}^{2+} + \text{OH}^- \rightleftharpoons \text{Pb}_2(\text{OH})^{3+} \qquad \beta_4 = \frac{C_{\text{Pb}_2(\text{OH})^{3+}}}{C_{\text{Pb}^{2+}}^2 C_{\text{OH}^-}} = 10^{7.6} \qquad （6\text{-}62）$$

$$4\text{Pb}^{2+} + 4\text{OH}^- \rightleftharpoons \text{Pb}_4(\text{OH})_4^{4+} \qquad \beta_5 = \frac{C_{\text{Pb}_4(\text{OH})_4^{4+}}}{C_{\text{Pb}^{2+}}^4 C_{\text{OH}^-}^4} = 10^{36.1} \qquad （6\text{-}63）$$

$$6\text{Pb}^{2+} + 8\text{OH}^- \rightleftharpoons \text{Pb}_6(\text{OH})_8^{4+} \qquad \beta_6 = \frac{C_{\text{Pb}_6(\text{OH})_8^{4+}}}{C_{\text{Pb}^{2+}}^6 C_{\text{OH}^-}^8} = 10^{69.3} \qquad （6\text{-}64）$$

由式（6-59）可得

$$\frac{C_{\text{Pb(OH)}^+}}{C_{\text{Pb}^{2+}}} = \beta_1 C_{\text{OH}^-} \qquad （6\text{-}65）$$

同理，由式（6-60）～式（6-64）可分别得到式（6-66）～式（6-70）。

$$\frac{C_{\text{Pb(OH)}_2}}{C_{\text{Pb}^{2+}}} = \beta_2 C_{\text{OH}^-}^2 \qquad （6\text{-}66）$$

$$\frac{C_{\text{Pb(OH)}_3^-}}{C_{\text{Pb}^{2+}}} = \beta_3 C_{\text{OH}^-}^3 \qquad （6\text{-}67）$$

$$\frac{C_{\text{Pb}_2(\text{OH})^{3+}}}{C_{\text{Pb}^{2+}}^2} = \beta_4 C_{\text{OH}^-} \qquad （6\text{-}68）$$

$$\frac{C_{\text{Pb}_4(\text{OH})_4^{4+}}}{C_{\text{Pb}^{2+}}^4} = \beta_5 C_{\text{OH}^-}^4 \qquad （6\text{-}69）$$

$$\frac{C_{\text{Pb}_6(\text{OH})_8^{4+}}}{C_{\text{Pb}^{2+}}^6} = \beta_6 C_{\text{OH}^-}^8 \qquad （6\text{-}70）$$

因此，在水溶液中，总铅含量可表示为

$$C_{Pb_T} = C_{Pb^{2+}} + C_{Pb(OH)^+} + C_{Pb(OH)_2} + C_{Pb(OH)_3^-} + 2C_{Pb_2(OH)^{3+}} + 4C_{Pb_4(OH)_4^{4+}} + 6C_{Pb_6(OH)_8^{4+}}$$

（6-71）

定义副反应系数

$$\alpha_0 = \frac{C_{Pb^{2+}}}{C_{Pb_T}}$$

（6-72）

$$\alpha_1 = \frac{C_{Pb(OH)^+}}{C_{Pb_T}}$$

（6-73）

$$\alpha_2 = \frac{C_{Pb(OH)_2}}{C_{Pb_T}}$$

（6-74）

$$\alpha_3 = \frac{C_{Pb(OH)_3^-}}{C_{Pb_T}}$$

（6-75）

$$\alpha_4 = \frac{2C_{Pb_2(OH)^{3+}}}{C_{Pb_T}}$$

（6-76）

$$\alpha_5 = \frac{4C_{Pb_4(OH)_4^{4+}}}{C_{Pb_T}}$$

（6-77）

$$\alpha_6 = \frac{6C_{Pb_6(OH)_8^{4+}}}{C_{Pb_T}}$$

（6-78）

将式（6-65）～式（6-70）及式（6-72）分别代入式（6-73）～式（6-78），得

$$\alpha_1 = \frac{C_{Pb(OH)^+}}{C_{Pb_T}} = \frac{C_{Pb^{2+}}}{C_{Pb_T}} \times \frac{C_{Pb(OH)^+}}{C_{Pb^{2+}}} = \alpha_0 \beta_1 C_{OH^-}$$

（6-79）

$$\alpha_2 = \frac{C_{Pb(OH)_2}}{C_{Pb_T}} = \frac{C_{Pb^{2+}}}{C_{Pb_T}} \times \frac{C_{Pb(OH)_2}}{C_{Pb^{2+}}} = \alpha_0 \beta_2 C_{OH^-}^2$$

（6-80）

$$\alpha_3 = \frac{C_{Pb(OH)_3^-}}{C_{Pb_T}} = \frac{C_{Pb^{2+}}}{C_{Pb_T}} \times \frac{C_{Pb(OH)_3^-}}{C_{Pb^{2+}}} = \alpha_0 \beta_3 C_{OH^-}^3$$

（6-81）

$$\alpha_4 = \frac{2C_{Pb_2(OH)^{3+}}}{C_{Pb_T}} = \frac{C_{Pb^{2+}}^2}{C_{Pb_T}} \times \frac{2C_{Pb_2(OH)^{3+}}}{C_{Pb^{2+}}^2} = 2\alpha_0^2 \beta_4 C_{OH^-} C_{Pb_T}$$

（6-82）

$$\alpha_5 = \frac{4C_{Pb_4(OH)_4^{4+}}}{C_{Pb_T}} = \frac{C_{Pb^{2+}}^4}{C_{Pb_T}} \times \frac{4C_{Pb_4(OH)_4^{4+}}}{C_{Pb^{2+}}^4} = 4\alpha_0^4 \beta_5 C_{OH^-}^4 C_{Pb_T}^3 \qquad (6\text{-}83)$$

$$\alpha_6 = \frac{6C_{Pb_6(OH)_8^{4+}}}{C_{Pb_T}} = \frac{C_{Pb^{2+}}^6}{C_{Pb_T}} \times \frac{6C_{Pb_6(OH)_8^{4+}}}{C_{Pb^{2+}}^6} = 6\alpha_0^6 \beta_6 C_{OH^-}^8 C_{Pb_T}^5 \qquad (6\text{-}84)$$

将式（6-79）～式（6-84）代入式（6-71）可得

$$\begin{aligned} 1 = {}& \alpha_0 + \alpha_0 \beta_1 C_{OH^-} + \alpha_0 \beta_2 C_{OH^-}^2 + \alpha_0 \beta_3 C_{OH^-}^3 + 2\alpha_0^2 \beta_4 C_{OH^-} C_{Pb_T} \\ & + 4\alpha_0^4 \beta_5 C_{OH^-}^4 C_{Pb_T}^3 + 6\alpha_0^6 \beta_6 C_{OH^-}^8 C_{Pb_T}^5 \end{aligned} \qquad (6\text{-}85)$$

从上述关系式可以看出，各种离子的浓度分率 α_M 与 pH 和总铅离子浓度有很大的关系。以 α_M 对 pH 作图可得不同 pH 下溶液中各铅组分的相对百分比，见图 6-12。

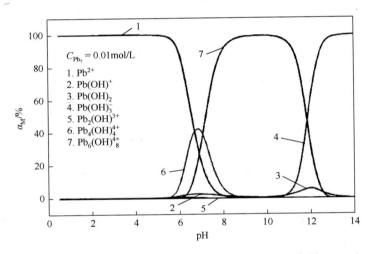

图 6-12　溶液中各铅组分的百分比与 pH 的关系图（冯宁川，2009）

参 考 文 献

冯宁川. 2009. 橘子皮化学改性及其对重金属离子吸附行为的研究[D]. 长沙：中南大学.

贾建业, 兰斌明, 谢先德, 等. 2001. 硫化物矿物溶解度与溶液 pH 值的关系[J]. 长春科技大学学报, 31（3）: 241-246.

李二平, 闵小波, 舒余德, 等. 2010. Zn²⁺-S²⁻-H₂O 系热力学平衡研究[J]. 环境科学与技术, 33（3）: 1-3.

王淀佐, 胡岳华. 1988. 浮选溶液化学[M]. 长沙：湖南科学技术出版社.

Ikiz D，Gülfen M，Aydın A.2006. Dissolution kinetics of primary chalcopyrite ore in hypochlorite solution[J]. Minerals Engineering，19（9）: 972-974.

Liu J，Wen S，Xian Y，et al. 2012. Dissolubility and surface properties of a natural sphalerite in aqueous solution[J]. Minerals & Metallurgical Processing，29（2）: 113.

Lu L，2002. The study oil surface reaction of pyrite [D]. Nanjing：Nanjing University.

Moses C O，Nordstrom D K，Herman J S，et al. 1987. Aqueous pyrite oxidation by dissolved oxygen and ferric iron[J].

Geochimica et Cosmochimica Acta，51：1561-1571.

Prosser A P. 1996. Review of uncertainty in the collection and interpretation of leaching data[J]. Hydrometallurgy, 41（2）：119-153.

Singer P C，Stumm W. 1970. Acid mine drainage：The ratelimiting step[J]. Science，167：1121-1123.

Veeken A H M，Akoto L，Hulshoff Pol L W，et al. 2003. Control of the sulfide（S^{2-}）concentration for optimal zinc removal by sulfide precipitation in a continuously stirred tank reactor [J]. Water Research，37（15）：3709-3717.

第7章 硫化矿流体包裹体组分与矿物表面及捕收剂作用

通过本书前面的介绍可知，有色金属硫化矿及其脉石矿物中的流体包裹体组分释放是矿浆溶液中"难免"金属离子的一个重要的新来源，尤其是在自然 pH 矿浆体系下，包裹体组分释放占主导作用。对矿物浮选而言，流体包裹体组分释放后主要产生两大影响，其中一个影响是包裹体组分对矿浆溶液体系的影响，这在第六章中已经讨论；另外一个影响就是包裹体组分与矿物表面及捕收剂间作用的影响，这种影响是通过包裹体组分中的某些具有特殊表面亲和性的组分，如铜、铅这样具有活化效应的组分与矿物表面间的作用来实现的。本章将从宏观和微观两个角度，对包裹体组分与矿物表面间的作用行为进行研究。宏观方面，当包裹体释放组分中的金属离子在矿物表面发生作用时，必将引起矿物表面电性质的变化。因此，可以借助磨矿后矿浆体系中矿物表面 Zeta 电位的变化规律来进行表征和说明。微观方面，作者采用量子化学计算模拟中的密度泛函理论（DFT），以包裹体组分中的典型重金属活化组分铜组分为代表，对包裹体组分中的铜组分与硫化矿表面间及硫化矿表面-铜组分-捕收剂三元体系间作用的微观机制进行介绍，以阐明流体包裹体组分释放对硫化矿浮选的可能影响。

7.1 包裹体释放组分在矿物表面吸附的 Zeta 电位研究

在浮选矿浆中，矿物表面因表面基团、离子的解离或从溶液中选择性地吸附某种离子而荷电。根据电中性的定律，带电表面附近的液相中必须有与固体表面电荷数量相等但符号相反的离子，称之为反离子。矿物表面与反离子形成双电层。当矿物颗粒与液相扩散层产生相对运动时会产生一个滑动面，滑动面上和远离界面的流体中的某点的电位差称为 Zeta 电位或电动电位（ζ 电位）。因此，Zeta 电位所反映出的是溶液体系中带电粒子的表面电性，一般受 pH、矿物表面电位、交换离子类型、离子浓度、溶液介电常数和温度等因素的影响。研究矿物颗粒表面的 Zeta 电位变化规律与溶液中吸附物质之间的关系，有助于探讨矿物表面的吸附过程及其与离子交换规律。正如本书第 6 章中讨论的那样，从溶液化学的角度，离子在矿浆溶液中存在着多种可逆过程，例如，水解反应、与矿物表面的物理、化学吸附等。在条件不变的情况下，这些反应都存在着一个趋于稳定的过程，即当正、逆反应速率相等时，溶液中的反应及离子浓度达到平衡状态。溶液中离子种类、状态和浓度等是影响矿物吸附特性的重要因素，进而会改变矿物的 Zeta 电位。这样，在矿浆溶液中有吸附离子存在时，矿物颗粒的 Zeta 电位将会随着溶液中离子种类、浓度等的变化而发生变化，最终趋于一个平衡状态。因此，磨矿过程中伴随着矿物包裹体组分的释放，也发生包裹体组分在矿物表面的吸附作用，这种吸附作用可以用矿物包裹体组分释放后的矿物表面 Zeta 电位的变化规律来进行表征和说明。

7.1.1　Zeta 电位测试方法

Zeta 电位测定采用的仪器是美国 Colloidal Dynamics 公司的 Zeta Probe 界面电位分析仪，它是最准确的界面电位分析仪之一，在仪器使用前用标准溶液对电导率、电位、pH 和温度进行校正，确保仪器测量精度。校正完成后，在仪器操作选项卡中输入矿样密度、介电常数和质量分数以及溶剂纯水的密度、黏度和介电常数，进行 Zeta 电位测定。实验时，将粒度 1 mm 左右的纯矿物，用去离子水洗涤 5 次，然后在氩气作保护气的手套箱中晾干。每次实验取晾干的纯矿物 14 g，分别装入两个相同型号的球磨罐中，然后将封闭好的球磨罐安装在撞击式球磨仪（MM400，Retsch，德国）上，设定球磨仪冲击频率 900 min^{-1}，磨矿时间为 8 min。每次实验取球磨仪磨好的矿样 14 g，快速放入测量杯，然后加入 275 mL 去离子水。开启 Zeta Probe 界面电位分析仪搅拌按钮，设定转速为 200 r/min。进行电位滴定时，采用 2 mol/L 的盐酸和 2 mol/L 氢氧化钠溶液为滴定液。

7.1.2　黄铜矿包裹体组分的表面吸附

测定了黄铜矿纯矿物溶液的等电点，结果显示实验用的黄铜矿的等电点为 pH = 2.4，与文献报道的黄铜矿 IEP 值在 pH 为 2～3 一致（Kelebek and Smith，1989），说明仪器精度较高，实验材料理想。磨矿后的新鲜黄铜矿样品直接置于 Zeta 电位测量杯中进行测定，表观 Zeta 电位直接测定结果如图 7-1 所示。由于采用的矿浆浓度很低，考虑到浓度校正系数现阶段较难确定，所以所得实际结果没有经过浓度校正，表观电位值低于实际矿物的表面电位。但表观电位测定反映出来的电位变化规律是符合实际的，这里主要研究矿物表面有关电位变化的规律。

众所周知，离子在水溶液中存在着多种反应，如水解反应、与矿物表面的吸附作用及化学反应等，这些反应都存在着一个稳定的过程（Wang and Hu，1988），即经过一定时间，溶液中的反应及离子浓度等达到平衡状态。溶液中离子种类、状态和浓度等因素影响矿物的 Zeta 电位。也就是说，在水溶液中，矿物的 Zeta

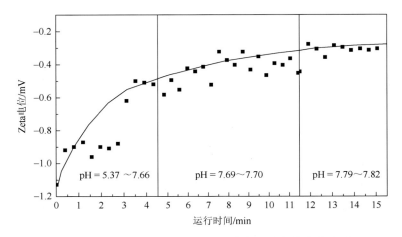

图 7-1　黄铜矿水溶液中表观 Zeta 电位随时间的变化关系

电位随着溶液中离子种类、浓度等的变化也会发生变化，也存在着一个稳定的过程。影响溶液离子组分的来源主要有水溶液中的组分、矿物的表面氧化溶解，还有研究发现的矿物中大量存在的流体包裹体组分的释放。黄铜矿流体包裹体含有大量成矿过程中残留下的电解质溶液，包括同名的铜和铁离子，以及氯盐和硫酸盐。在前面的实验中，黄铜矿矿物中流体包裹体组分释放的 Cu、Fe 元素含量分别达到了 5.79×10^{-6} mol/L 和 17.20×10^{-6} mol/L，这些释放的组分将会在矿物表面发生吸附，进而影响黄铜矿表面电性质（Jones and Woodcock，1984）。图 7-1 结果显示，伴随着溶液中存在的复杂的反应，表观 Zeta 电位值呈现出震荡变化，但可以看出表观 Zeta 电位的总体变化趋势。在前 $0\sim5$ min，电位值呈上升趋势，由-1.13 mV 上升到 -0.5 mV，pH 起始值是 5.37。溶液显酸性主要是由金属离子的水解造成的，以铜离子为例，主要反应方程式如下

$$H_2O_{(aq)} \rightleftharpoons OH^-_{(aq)} + H^+_{(aq)} \tag{7-1}$$

$$Cu^{2+}_{(aq)} + OH^-_{(aq)} \rightleftharpoons Cu(OH)^+_{(aq)} \tag{7-2}$$

$$Cu(OH)^+_{(aq)} + OH^-_{(aq)} \rightleftharpoons Cu(OH)_{2(aq)} \tag{7-3}$$

$$Cu(OH)_{2(aq)} \rightleftharpoons Cu(OH)_{2(s)} \tag{7-4}$$

但实验过程中 pH 不断上升，也就是说溶液没有显酸性，说明水溶液中的金属离子浓度降低，水解程度下降，因此金属离子浓度的降低应该归因于离子与矿物表面的吸附。这个过程影响了矿物颗粒与溶液的相对运动，对 Zeta 电位产生了影响。在 $7\sim20$ min，表观电位值上升趋势变缓，18 min 基本达到平衡，表观电位值为 -0.3 mV，pH 在 $7\sim20$ min 内维持在 7.7 左右，基本没有变化，说明溶液中的各种反应达到了平衡状态。Zeta 电位总体趋势为逐渐上升直到稳定的变化过程，说明溶

液中存在着"难免"离子，而且存在着离子与矿物表面的吸附过程。在碎矿、磨矿过程中黄铜矿解离，表面由于发生弛豫和结构重构，呈现富硫表面，作者推测黄铜矿包裹体组分主要是通过其释放的金属离子与表面硫之间发生作用。

　　为了进一步定性证明黄铜矿流体包裹体释放组分中的铜离子会在黄铜矿表面发生吸附，进行了人为添加铜离子的实验研究。称取球磨仪磨出的新鲜黄铜矿矿样 1 g，取 20 mL 1.10×10⁻⁴ mol/L Cu²⁺溶液，置于密闭小瓶中进行不同时间的吸附实验。然后，用离心机进行固液分离，上清液用 ICP-MS 测试溶液中残余的铜元素含量，固体样品（作用 28 min）用来做 XPS 分析，实验结果如图 7-2、图 7-3和表 7-1 所示。

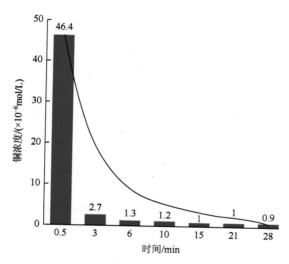

图 7-2　黄铜矿水溶液中铜离子浓度与时间的关系曲线

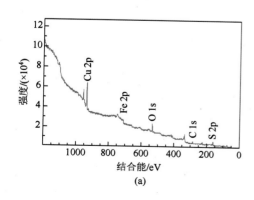

(a)

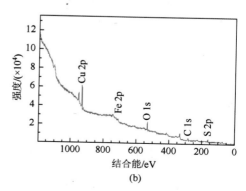

(b)

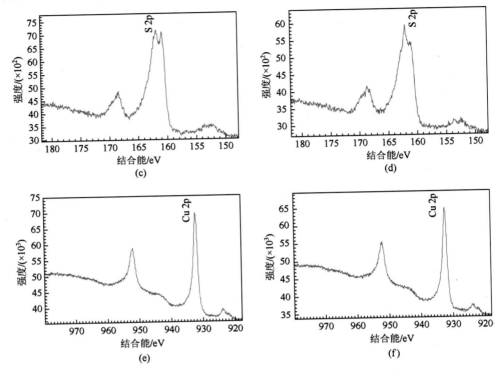

图 7-3　原矿和吸附铜离子后的黄铜矿表面局部 XPS 谱

表 7-1　铜离子吸附前后黄铜矿表面原子质量分数和原子浓度定性参考结果

	元素	质量分数/%	原子浓度/%
原料	S 2p	30.55	45.38
	Cu 2p	44.57	33.44
	Fe 2p	24.87	21.21
Cu²⁺活化	S 2p	27.68	42.10
	Cu 2p	49.76	38.19
	Fe 2p	22.56	19.71

图 7-2 中结果表明，0.5 min 内，溶液中的 C_{Cu} 由 110×10^{-6} mol/L 下降到 46.4×10^{-6} mol/L；到 3 min，C_{Cu} 下降到 2.7×10^{-6} mol/L；6 min 后，C_{Cu} 降为 1.3×10^{-6} mol/L；比较可知，前 3 min 内下降幅度较大。吸附 15 min 之后，溶液中的 C_{Cu} 基本不变，说明铜离子在水溶液中的反应达到了平衡。溶液中铜离子的减少表明铜离子在黄铜矿表面存在着吸附行为。

XPS 分析（图 7-3）结果显示除 C 和 O 之外只检出了的 Cu、Fe 和 S 三种元素，说明实验用的矿物较为纯净。用铜离子处理前后的样品 Cu 2p 和 S 2p 的光电子能谱峰强度的对比结果，可以说明样品吸附前后表面 Cu 和 S 数目的变化情况。图 7-3 为原矿和铜离子处理后的黄铜矿表面 XPS 谱图，其中，图 7-3（c）、图 7-3（e）分别为黄铜矿原矿表面的 S 2p 和 Cu 2p 的能谱；图 7-3（d）、图 7-3（f）分别为黄铜矿与铜离子作用后表面的 S 2p 和 Cu 2p 的能谱；图 7-3（a）和图 7-3（b）为黄铜矿样品用铜离子处理前后的综合全谱。

从图 7-3 可以看出，Cu 2p 与 S 2p 的相对峰值，吸附后比吸附前大，对比吸附前后的这种变化，可说明处理后的黄铜矿样品表面铜原子浓度增加，硫原子浓度减小。这个结果可以表明铜离子在黄铜矿表面存在吸附行为，而且是与表面的硫原子发生了作用。同时，综合全谱中的 Cu 2p 和 S 2p 的相对强度比较也得到了同样的结果。

表 7-1 为 XPS 的局部位点表面原子浓度的半定量定性分析。表 7-1 结果显示，用铜离子处理前后的黄铜矿表面 Cu 浓度由 33.44%增加到 38.19%，S 浓度由 45.38%下降到 42.10%，说明原矿与铜离子发生了表面吸附，造成了表面铜原子浓度相对增加。此外，由图 7-3 还可以看出与铜离子作用后的 S 2p 的峰形发生了变化，结合能发生了位移，变化区域的结合能对应的是 S^{2-}，存在着 Cu—S 键，可以进一步证实铜与富硫表面的 S 发生了相互作用。

综合以上结果，黄铜矿包裹体释放的金属组分尤其是铜组分会在黄铜矿自身表面发生吸附，并导致 Zeta 电位的上升。

7.1.3　闪锌矿包裹体组分的表面吸附

本书前面第 5 章的介绍证明闪锌矿中存在大量流体包裹体，这些流体包裹体含有丰富的锌组分，测得的磨矿 10 min 闪锌矿中流体包裹体释放的锌浓度为 18.35×10^{-6} mol/L，而在弱酸及碱性条件下（6≤pH＜12）理论计算得出的闪锌矿自身溶解释放锌的浓度的数量级在 $10^{-7} \sim 10^{-8}$ mol/L，因此该 pH 范围闪锌矿流体包裹体释放的锌是溶液中锌的主要贡献。换句话说，磨矿后闪锌矿矿浆溶液中一开始就存在大量的锌离子，闪锌矿流体包裹体释放的锌很可能会在闪锌矿表面发生吸附而对闪锌矿表面电性质产生一定影响，而闪锌矿表面电性质的变化对其与金属离子及捕收剂作用机制有重要影响。因此，本节中就以闪锌矿流体包裹体释放的锌组分在闪锌矿表面吸附为例，来说明矿物流体包裹体释放组分与矿物表面间的相互作用。

测定的闪锌矿在纯水溶液中的等电点在 pH = 6.5 左右，该值处于文献报道的闪锌矿等电点 IEP 值范围 pH 为 2～8（Rath and Subramanian，1999）。当 pH＜6.5 时，闪锌矿表面显正电性，当 pH＞6.5 时表面带负电。溶液中锌离子与闪锌矿表面的吸附是需要一定时间的，该吸附过程可以用闪锌矿表面表观 Zeta 电位与时间

的动态关系来表征，图 7-4 为磨矿后的闪锌矿在纯水溶液（pH = 6.8）中的表观
Zeta 电位随时间的变化关系。由第 6 章中 Zn^{2+} 的溶液化学计算可知，在 pH = 6.8
时，溶液中的锌绝大多数以 Zn^{2+} 存在，其余水解组分不足 2%，因此该 pH 下闪锌
矿表观 Zeta 电位的变化应该主要是 Zn^{2+} 与矿物表面作用的结果，而非羟基化锌与
表面的作用结果。

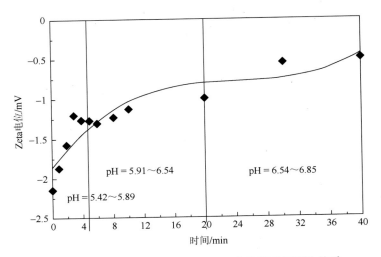

图 7-4　闪锌矿纯水溶液中表观 Zeta 电位随时间变化关系

　　如图 7-4 所示，在纯水中闪锌矿表面带负电，$t = 0$ 时，闪锌矿的表观 Zeta 电
位为 –2.14 mV；随着时间的增加，Zeta 电位逐渐上升，在前 10 min 内，电位上升
趋势明显，从 –2.14 mV 上升至 –1.13 mV，尤其是 4 min 以内电位随时间增加呈线
性增加趋势，这说明前 10 min 锌离子在闪锌矿表面吸附作用强烈；10 min 以后，
电位缓慢上升，在 30 min 左右达平衡，平衡电位约为 –0.5 mV。闪锌矿表观 Zeta
电位随时间增加的上升关系表明流体包裹体释放锌与闪锌矿表面发生了吸附。

　　为了进一步验证和说明闪锌矿表面对流体包裹体组分锌的吸附规律及程度，
同步测定了表面电位实验中前 30 min 内闪锌矿纯水溶液中总锌浓度随时间的变化
关系，其结果见表 7-2。

表 7-2　闪锌矿溶液中锌浓度与时间的关系

时间/min	溶液中锌浓度/($\times 10^{-6}$ mol/L)
0	19.0
2	4.02
5	3.77

续表

时间/min	溶液中锌浓度/($\times 10^{-6}$ mol/L)
10	2.91
15	4.46
20	5.69
25	6.89

由表 7-2 可知，前 10 min 内溶液中锌浓度随时间增加而显著减小，这表明溶液中锌离子确实在闪锌矿表面发生了吸附，这与图 7-4 中闪锌矿表面电位随时间显著上升的趋势是相吻合的。10 min 以后溶液中的锌浓度随时间的增加而缓慢增加，这可能是闪锌矿自身溶解释放锌导致的，但与初始锌浓度（$t = 0$）相比，整个时间范围内溶液中的锌浓度是减小的。综上所述，闪锌矿中流体包裹体释放的锌会在闪锌矿表面发生吸附，这种吸附对闪锌矿表面电位有一定影响，会引起表面电位的上升。

7.1.4　黄铁矿、方铅矿包裹体组分的表面吸附

本书第 5 章已经介绍过，黄铁矿晶体中的流体包裹体在成矿时所捕获的成岩流体中，含有许多的成矿元素离子、氯盐和硫酸盐。威信地区黄铁矿流体包裹体组分释放后水溶液的 Cu、Fe 元素含量分别达到了 3.29×10^{-6} mol/L 和 32.52×10^{-6} mol/L；大坪掌地区黄铁矿流体包裹体组分释放后水溶液的 Cu、Pb、Zn 和 Fe 元素含量分别达到 2.43×10^{-7} mol/L、16.51×10^{-7} mol/L、19.45×10^{-7} mol/L 和 516.52×10^{-7} mol/L。硫化矿的电化学性质对其浮选行为影响显著，正是这些离子的存在改变了黄铁矿表面电化学性质，进而改变其浮选行为。为了考察矿物中流体包裹体组分释放后对矿物表面电性的影响，将威信和大坪掌两个地区的黄铁矿磨矿后在未清洗的情况下进行了 Zeta 电位测定，测定的表观结果见图 7-5。

从图 7-5 中可以看出，两个地区的黄铁矿在整个测试阶段的表观 Zeta 电位值都出现了轻微的震荡，这是溶液中存在的离子引起的复杂反应所致，但可以看出表观 Zeta 电位的总体变化趋势。在 0～4 min 时，黄铁矿的表观 Zeta 电位有逐渐上升的趋势，威信黄铁矿从 0.14 mV 上升到 0.20 mV 左右，pH 显著降低，由初始的 6.98 降至 4.5 左右；大坪掌地区的黄铁矿上升的趋势较为明显，从 0.1 mV 上升到 0.35 mV 左右，pH 变化更大，由 6.98 变为 3.20。在 4～12 min 内，电位和 pH 趋于平衡，说明溶液中的各种反应趋于平衡。Zeta 电位的变化规律很好地说明了黄铁矿流体包裹体释放组分，即一些金属离子在矿浆体系中与矿物表面存在着吸附作用。

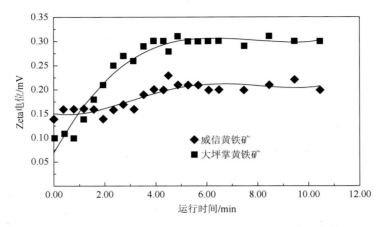

图 7-5　黄铁矿在纯水中表观 Zeta 电位随时间的变化规律

方铅矿破碎后，检测到的表观电位随时间的变化规律如图 7-6 所示。结果表明，随着时间的增加，表观 Zeta 电位增加，到 4 min 就基本达到平衡，形成了稳定的双电层结构。但是，方铅矿电位增加的幅度不如黄铜矿和闪锌矿大，这是因为包裹体组分中的铅离子比铜和锌离子更容易水解，形成氢氧化铅沉淀，从而降低溶液中的铅离子浓度。在开始的 30 s 内，矿浆 pH 大幅下降，可能就是铅离子水解的证据。

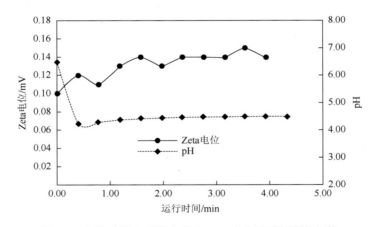

图 7-6　方铅矿纯水溶液中表观 Zeta 电位随时间变化规律

7.2　流体包裹体组分与矿物表面作用的 DFT 计算

7.2.1　晶体模型与计算方法

本书中密度泛函理论（DFT）计算主要采用两种常用商业软件包 Materials

Studio（MS）和 Vienna Ab-initio Simulation Package（VASP）。Materials Studio 是 Accelrys 开发的一种建模和模拟的专用软件，在化学、材料和生物等多个领域中得到了广泛应用，支持 Windows 和 Linux 等多种操作平台，可以方便地建立三维结构模型，并对各种晶体、无定形及高分子材料的性质和相关过程进行研究。在构型优化、性质预测和 X 射线衍射分析以及复杂的动力学模拟和量子力学计算方面，都可得到切实可靠的数据。VASP 是使用赝势和平面波基组，进行从头量子力学分子动力学计算的软件包，VASP 中的方法基于有限温度下的局域密度近似以及对每一动力学步骤采用有效矩阵对角方案和有效 Pulay 密度混合求解瞬时电子基态，这些技术可以避免原始的 Car-Parrinello 方法存在的问题。离子和电子的相互作用采用 Vanderbilt 赝势（US-PP）或投影扩充波（PAW）方法描述（Hafner，2008；Kresse and Furthmüller，1996；Kresse and Joubert，1999）。VASP 采用周期性边界条件（或超原胞模型），可处理原子、分子、团簇、晶体和无定形材料的性质，以及表面体系的弛豫、重构、几何和电子结构计算等。

　　计算总体思路为：首先构建矿物单晶胞并进行几何优化，然后在优化后的单晶胞的基础上构建大小合适的超晶胞表面模型并进行几何优化和超胞表面性质研究，后续与其他金属组分以及捕收剂的作用均在该优化的超胞表面模型上进行。

　　硫化矿包裹体中的金属组分，尤其是表面的重金属活化组分释放后，将会在矿物表面发生迁移与吸附，由于包裹体金属组分众多，本书中选取硫化矿包裹体中的典型活化组分铜组分为代表来进行研究。铜离子与硫化矿表面作用形式可能有两种，一种是与矿物表面金属原子发生取代作用，另一种是与矿物表面发生吸附作用，而计算体系的相互作用能是判断相互作用反应能否发生的一个重要依据。硫化矿物表面与铜组分间的作用能按下列公式计算得出。

　　取代作用

$$\Delta E_{\text{sub}} = E_{\text{slab+Cu}}^{\text{tot}} + E_{\text{Cu}} - E_{\text{slab}}^{\text{tot}} - E_{\text{M}} \tag{7-5}$$

式中，$E_{\text{slab}}^{\text{tot}}$ 和 $E_{\text{slab+Cu}}^{\text{tot}}$ 分别为所计算矿物表面结构模型被铜取代前和取代后的能量；E_{Cu} 和 E_{M} 分别为铜和被取代原子的能量；ΔE_{sub} 为铜取代矿物表面 M 金属原子的取代能。

　　吸附作用

$$\Delta E_{\text{ads}} = E_{\text{slab+Cu}}^{\text{tot}} - E_{\text{Cu}} - E_{\text{slab}}^{\text{tot}} \tag{7-6}$$

式中，$E_{\text{slab}}^{\text{tot}}$ 和 $E_{\text{slab+Cu}}^{\text{tot}}$ 分别为所计算矿物表面模型未吸附和吸附铜后的总能量；E_{Cu} 为铜原子的能量；ΔE_{ads} 为铜在矿物表面吸附的吸附能。

　　硫化矿表面与捕收剂分子黄药间的作用能（ΔE_{int}）按如下公式计算

$$\Delta E_{\text{int}} = E_{\text{EX+slab}}^{\text{tot}} - E_{\text{EX}} - E_{\text{slab}}^{\text{tot}} \tag{7-7}$$

式中，$E_{\text{slab}}^{\text{tot}}$ 和 $E_{\text{EX+slab}}^{\text{tot}}$ 分别为体系与黄药作用前和作用后的总能量；E_{EX} 为黄药的

能量；ΔE_{int} 为黄药分子在矿物表面的作用能。需要说明的是，由于 DFT 模拟计算是在真空中进行的，计算的作用能因计算体系的不同而不同，因此它们不代表真实的能量，DFT 计算得出的能量仅对作用能否进行提供定性的依据，即计算出的作用能为负值表示作用可以发生，负值的绝对值越大，表示吸附反应越容易发生；计算的能量如为正值表示反应不能进行。

1. 黄铜矿晶体模型及计算方法

考虑周期性边界条件，黄铜矿晶体单胞和超胞模型的计算采用 MS 软件中的 CASTEP（Cambridge serial total energy package）模块。电子-离子相互作用采用 Vanderbilt 改进的优化超软赝势（USPP）。计算采用广义梯度近似 GGA 泛函，交换相关能应用 Perdew-Wang（PW91）形式。结构优化考虑了 Broyden-Fletcher-Goldfarb-Shanno（BFGS）方法。计算收敛精度设为原子上的力小于 0.1 eV/nm。所有计算在倒易空间，并设置了铁的自旋态。平面波截断能影响计算结果，进行了测试设定为 500 eV。黄铜矿单胞中包括 4 个 Cu、4 个 Fe 和 8 个 S，如图 7-7（a）所示，其结构可以看成是具有四方晶系的闪锌矿，其中一半的阳离子被铜离子取代，而另一半被铁离子取代，由此造成了 z 轴方向的微小形变，使得 $c/a = 1.971$。单胞结构 $Cu_4Fe_4S_8$ 转化为原胞 $Cu_2Fe_2S_4$，如图 7-7（b）所示。

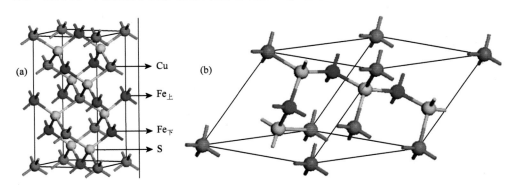

图 7-7　黄铜矿晶体结构
（a）单胞；（b）原胞

在上述单胞优化的基础上，构建 2×2×2 黄铜矿（001）表面超胞模型，表面终止原子层为金属层。黄铜矿（001）表面超胞模型及后续与其他组分的作用计算采用 VASP 软件包。采用广义梯度近似（GGA）中的 PBE 形式，求解 Schrödinger 方程，描述电子-离子相互作用采用投影缀加平面波 PAW 赝势，价电子 Kohn-Sham 波函数采用平面波基组展开。不可约布里渊区划分 k 点网格采用 Monkhorst-Pack 方法（Monkhorst and Pack，1976）。精确计算系统总能采用 Blöchl 修正的

linear-tetrahedron 方法（Blöchl et al., 1994）。基态原子构型选用 Hellman-Feynman 力场进行优化（Feynman, 1939）。弛豫过程中，在电子波函数自洽后计算各原子所受的 Hellmann-Feynman 力，利用该力的大小和方向来帮助调整各原子的位置，计算精度设定为每个原子所受的 Hellmann-Feynman 力小于 0.0005 eV/nm。计算在最小化的傅里叶变换（FFT）网格上进行。对黄铜矿（001）表面结构，在 a 和 b 方向选用 2×2 超胞，c 方向有 8 个原子层。为了避免层间作用，采用通常做法，即真空加装，真空厚度取为 15 Å。经过必要的数值检验，这个结构模型足以保证计算的精度。计算时，在优化的结构中引入一个吸附质分子（铜组分或黄药分子），引入前后，表面布里渊区 k 点网格划分均为 3×3×1，动力学截断能经测试选取为 500 eV，通过改变 k 空间的取样点密度和截止能量进行收敛性检验，结果表明这些设定足以保证计算的精确度。

2. 闪锌矿晶体模型及计算方法

闪锌矿量子化学计算由 Material Studio 软件中的 CASTEP 模块完成，CASTEP 采用的方法是密度泛理论（DFT）框架下的第一性原理。计算中交换关联函数采用广义梯度近似（GGA）下的 PBE 梯度修正函数来描述，采用 PW 基组的超软赝势描述离子实和价电子的相互作用（Perdew and Wang, 1992; Martins et al., 1991）。各原子的赝势计算按化学元素周期表选取相应原子的价电子结构，如锌原子和硫原子的价电子分别为 Zn $3d^{10}4s^2$、S $3s^23p^4$。平面波截断能经测试设为 285 eV，系统总能量和电荷密度在布里渊区的积分计算采用 Monkhorst-Pack 方案，选择的 k 点网格为 2×3×1，以保证体系能量和构型在准完备平面波基水平上的收敛。

在自洽场运算中，采用了 Pulay 密度混合法，其收敛精度设为 $1.22×10^{-6}$ eV/atom。在模型结构优化中采用 BFGS 算法，优化参数包括：原子间相互作用力的收敛标准设为 0.005 eV/nm；晶体内应力的收敛标准设为 0.1 GPa；原子最大位移收敛标准设为 0.002 Å。闪锌矿的单胞模型（Zn_4S_4）及 2×1×3 的超胞模型（$Zn_{24}S_{24}$）结构如图 7-8 所示。由图 7-8（a）知，闪锌矿晶体中，每个单晶胞中包含 4 个 Zn 和 4 个 S，对角线的 1/4 处为 S，而八个角和六个面心为 Zn；晶体中 S 呈立方最紧密堆积，Zn 位于四面体空隙中，配位数为 4。

在上述单胞模型的基础上，构建一个 2×1×3 的 ZnS（110）面超胞模型，用于后续与铜组分及捕收剂的作用计算；该 ZnS（110）面超胞模型包含 6 个原子层和 10 Å 的真空层厚度。当计算体系涉及有机捕收剂黄药分子时，首先应用 MS 中的 DMol3 模块对黄药分子的结构进行初步优化，初步优化后的黄药分子模型提交到与 ZnS 超胞模型相同大小的周期性盒子中进行进一步优化，然后将结构优化后的黄药分子与结构优化后的 ZnS 超胞模型作用。捕收剂分子的吸附计算平面波截断能经测试设为 351 eV，所有计算均在 medium 网格散点下完成，在计算时忽略体系的自旋极化。

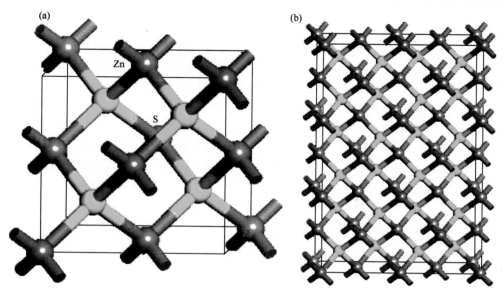

图 7-8　闪锌矿的单胞及超胞模型

（a）单胞；（b）超胞

3. 黄铁矿晶体模型及计算方法

首先采用 Material Studio 软件中的 CASTEP 模块构建理想晶型黄铁矿的理论单胞［图 7-9（a）］及 2×2×2 超晶胞模型［图 7-9（b）］。计算中的交换关联能

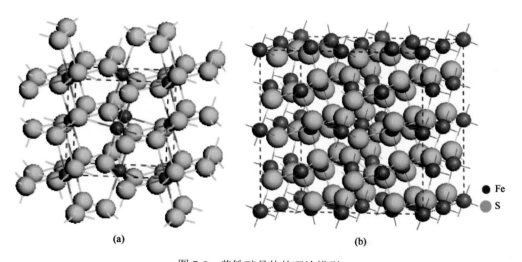

图 7-9　黄铁矿晶体的理论模型

（a）单胞结构；（b）2×2×2 超晶胞结构（虚线范围内）

采用广义梯度近似（GGA）中的 PBE 形式来描述，采用 Monkhorst-Pack 取样方法对 k 点取样。为了确保结果的可靠性，计算性质前进行截断能测试，固定 k 点网格为 $2 \times 2 \times 2$，最终选取平面波截断能为 330 eV。电子-离子相互作用采用超软赝势并在晶体倒易空间进行计算，结构优化电子能量本征值收敛精度为 2.0×10^{-6} eV，原子平均受力不超过 0.05 eV/Å。电子总能自洽采用 Pulay 密度混合算法。对所有性质的计算都采用与几何优化相同的参数，计算态密度的时候采用的 smearing 值为 0.1 eV。从理论模型中可以看出黄铁矿每个单胞包含四个 FeS_2 分子单元，铁原子分布在立方晶胞的六个面心及八个顶角上，每个铁原子与六个相邻的硫原子配位，形成八面体构造，而每个硫原子与三个铁原子和一个硫原子配位，形成四面体构造，两个硫原子之间形成哑铃状结构，以硫二聚体（S_2^{2-}）形式存在，且沿着（111）面方向排列。

在此基础上，分别构建了黄铁矿（110）和（311）表面超胞模型，用于后续相关性质和与其他组分的作用计算，计算相关函数和收敛精度的选取与单胞计算类似，截断能经测试变为 300 eV，此外采用表面超胞模型进行了不同原子层厚度及真空层厚度的测试，以确保近中下层的原子的性质与体相中的基本保持一致。结果表明，表面模型中含有 12 层原子后，表面能的变化已经很小，真空层厚度测试表明含 10 Å 真空层厚度的表面能最低。因此，12 层原子及 10 Å 的真空层厚度的表面结构能够给出较满意的收敛效果。

7.2.2　硫化矿表面弛豫与重构

铜、铅、锌、铁硫化矿是典型的晶体矿物，在碎矿、磨矿过程中矿物颗粒粒度逐级减小形成新生表面，新生表面上原子的排列规律与自身晶体内部几何结构有关，但又与晶体内部结构具有明显的差别，这种差别是表面形成瞬时发生的表面原子弛豫和重构造成的。金属硫化矿表面原子弛豫和重构使得表面原子的几何结构发生变化，最终导致表面性质的改变。硫化矿这种新生表面上的原子弛豫和重构现象对包裹体组分在其表面的吸附以及浮选药剂之间的作用都具有重要影响。很大程度上，矿物自身所具有的"先天"的表面性质，如表面原子排列几何结构等决定了金属离子、浮选药剂等在矿物表面的作用行为（Chen et al.，2010；Chen J H and Chen Y，2010）。因此，在研究包裹体组分与矿物作用前，首先对硫化矿表面结构进行了研究，这对认识矿物新生表面的微观性质以及深刻理解硫化矿表面与包裹体组分和药剂间的作用机制具有重要意义。

1. 黄铜矿表面结构

黄铜矿（001）面具有两种形式，一种是金属端，即 M-表面；另一种是硫端，即 S-表面，其中硫端显然在弛豫之后，表面仍显现富硫表面。两种类型的表面都出现了明显的弛豫信息。金属端表面是由一定数量的铜原子和铁原子组成的平行锯齿链和由在底层形成的反向键的硫原子组成，弛豫之后黄铜矿沿着（001）面解离，然后经过弛豫过程形成了电中性的表面。这个表面的弛豫造成了以下特性，大量本体位置的原子发生了位移，导致相邻的金属层和硫层之间产生了小的旋转和褶皱（Δd），如图 7-10 所示。

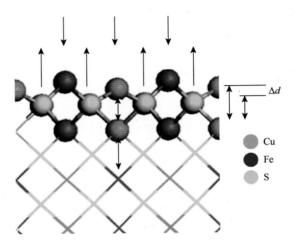

图 7-10 黄铜矿表面弛豫褶皱示意图

图 7-11 中为金属端（001）面的视图，其中（a）为几何优化前的模型，（b）为几何优化后的模型。（a）图显示黄铜矿（001）面不同层的硫、铜、铁原子排列规则，能量优化收敛之后，如（b）图所示，黄铜矿（001）面原子排布没有优化前规则，硫、铜、铁原子排布发生微变，其中硫原子变化趋势最为明显。能量收敛趋于稳定之后，硫原子在 Z 轴方向发生了明显外移，在 Z 轴方向出现晶胞膨胀现象。弛豫过程前后，S—Fe 键、S—Cu 键长发生较大变化，这使晶体硫原子向外扩张。在 X 轴和 Y 轴方向原子排布也发生了变化。优化后模型中 Z 轴方向的晶胞参数增大，表明 Z 轴方向出现晶胞膨胀现象，整个晶体结构晶胞体积发生变化，体积变大，这是由于晶体结构趋于稳定的过程中，硫原子与近邻原子之间具有强烈的作用，晶胞晶格畸变，体积膨胀。结构优化过程中，晶体结构（001）面发生了表面弛豫和结构重构。

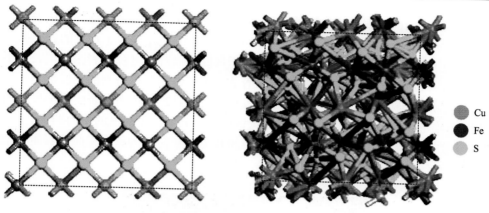

图 7-11　黄铜矿（001）面弛豫褶皱示意图

（a）优化前；（b）优化后

　　此外，在计算模型中，未弛豫的金属端表面的第一个金属层为铜、铁金属原子层，硫原子在第二层，然后是第三层的金属原子层，以此类推到黄铜矿本体内其他层。弛豫之后，第一层的原子下降，同时在第三个金属层的原子上升，形成了具有这些金属层的特殊的层结构。金属原子形成的模型中包括 Fe—Fe 键、Fe—Cu 键和 Cu—Cu 键，在（001）M-表面上的第二层金属层中的硫原子上、下交替占据着这些区域。每一个区域块中有 Fe—Fe 键、Cu—Cu 键和多个 Fe—Cu 键，但是所有的键具有相似的键长，形成了具有周期性的结构。每个结构单元具有一层硫原子位于上、下金属表面层，弛豫之后 S—Fe 键长和 S—Cu 键长的变化具有差异，特别是 S—Cu 键。文献（de Lima et al.，2011）报道，应用平面波方法得到了相似的重构结构，这些重构结构可以用矿物解离后的悬空键来解释，在黄铜矿本体，每一个金属原子连接协调四个硫原子，在这种情况下，Fe 和 Cu 的 d_{xy}、d_{yz}、d_{xz} 轨道与硫的 sp^3 轨道重叠，但在解离后的表面因为键结缺失，d_{xy}、d_{yz} 和 d_{xz} 轨道没有硫原子的轨道重叠而形成悬空键，为平衡悬空键，表面的金属原子下降，同时第三原子层的金属原子向外平面的方向上升，在同一个平面层，d_{xy}、d_{yz}、d_{xz} 轨道存在重叠，在金属原子之间形成 δ 键，这与表面金属键键长结果是一致的，这也造成了上、下硫原子相对于 Fe 和 Cu 的金属层具有了向上和向下的趋势。这些是黄铜矿（001）面弛豫和重构形成的机理。

　　为了验证理论计算结果和进一步研究黄铜矿表面结构，进行了矿物晶体表面的原子力显微镜（AFM）分析，将大量的块矿黄铜矿纯矿物晶体切面，得到一系列的新鲜表面，然后选取十分平滑的表面应用 AFM 扫描，确定表面原子排列方向和原子间距，从而确定对应的解离面，在同一个样品上扫描不同的区域，以保证同一个解离面有一定的广度。黄铜矿有较多的解离面，本书中选取了其中解离面为（001）面的黄铜矿纯矿物进行了 AFM 表征。黄铜矿晶体经破碎形成表面，采用 AFM 对表面进行扫描，得到如图 7-12～图 7-16 所示的原子尺度的表面拓扑图像。之所以说是拓扑图像，是因为从原子尺度的微观角度观察表面时，表面不再是固定不动的，而是不断运动和变化着的，不同时刻扫描得到的图像都是不同的，但其所反映的表面实质要素却是不变的。图 7-12 为黄铜矿表面原子尺度的 AFM 三维形貌图，图 7-13 和图 7-15 为黄铜矿晶体表面原子尺度的平面图，图 7-14 为黄铜矿晶体表面单个原子的电子云二维拓扑图，图 7-16 为黄铜矿晶体表面多个原子的电子云二维拓扑图。

图 7-12　黄铜矿晶体 AFM 三维图像

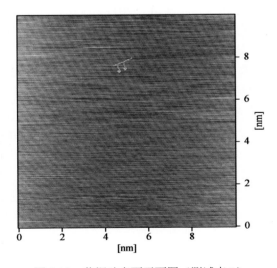

图 7-13　黄铜矿表面平面图（测试点 1）

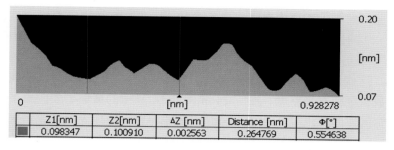

	Z1[nm]	Z2[nm]	ΔZ [nm]	Distance [nm]	Φ[°]
■	0.098347	0.100910	0.002563	0.264769	0.554638

图 7-14　黄铜矿表面原子的二维拓扑图（测试点 1）

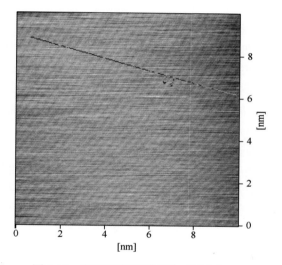

图 7-15　黄铜矿表面平面图（测试点 2）

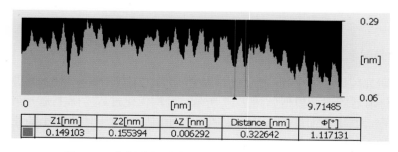

	Z1[nm]	Z2[nm]	ΔZ [nm]	Distance [nm]	Φ[°]
■	0.149103	0.155394	0.006292	0.322642	1.117131

图 7-16　黄铜矿表面原子的二维拓扑图（测试点 2）

从图 7-12 可以看出，黄铜矿晶体表面从原子尺度观察时，表面是极不平整的，再从更加微观的角度看，每一处都是有差别的，说明黄铜矿表面原子排列与晶体内部的原子规则排列相比，已经变得不规则。对比 Cu、Fe、S 的原子半径，它们成键后，原子间距小于孤立离子直径的叠加，如果黄铜矿表面是按照铜、铁、硫原子1：1：2的比例有序排列，那么图 7-12 所示的区域内包含的原子大于 376 个。从图 7-12 中还可以看出，在空间方向上，表面原子的高度是不一致的，高、低相差 0.3 nm，这接近于一个硫离子的直径，也就是说，在标准的黄铜矿表面上也有一个原子数量级的不平整度。图 7-14 和图 7-16 显示的黄铜矿表面原子的二维电子分布在空间方向上也有 0.2～0.29 nm 的高差，更清楚地表明了黄铜矿表面原子在空间方向的不平整，也就是表面部分原子在空间方向上相对于原来的位置发生了位移，这种位移包含了表面弛豫的贡献。

黄铜矿表面形成的瞬间，断裂的化学键是非常不稳定的，具有很高的能量，为了降低表面能，断裂的化学键会吸附外来物质的原子。即使在真空中，表面断裂的化学键也会就近自成键而降低自身的能量。正是由于这种成键作用，表面原子的位置相对于原来规则的位置发生变化，成为随机的、不规则的排列，造成表面重构。

图 7-12 所示的黄铜矿表面 AFM 原子尺度的微观形貌表明，表面原子不仅高低不平，而且分布也不如晶体内部均匀。图 7-16 中黄铜矿表面多个原子的电子云二维分布关系也显示出水平方向上各原子间的距离没有规律，从原子聚集体的尺度看，有多个原子重叠在一起的现象。图 7-13 和图 7-15 中，黄铜矿表面原子排列呈明显的条带状，亮度较高的条纹为突起的原子排列，亮度较低的条纹为凹陷的原子排列，同时原子沿图的 45° 方向平行排列。图 7-14 中两条竖线之间区域为图 7-13 中突起原子的二维电子云分布关系图，由图可知，原子的直径为 0.265 nm，这一尺度介于 S^{2-} 和 O^{2-} 的直径之间，而与 S^{2-} 失去部分负电荷后的直径更接近，所以这可能是与铜或铁成键后的硫原子。图 7-16 中两条竖线之间的区域为图 7-15 中突起的原子，原子直径为 0.323 nm，也与 S^{2-} 失去部分负电荷后的直径接近。该测试结果暗示，黄铜矿表面弛豫使得硫原子处于表面的外区域，这与 DFT 计算结果一致。

2. 闪锌矿表面结构

为了研究闪锌矿表面原子弛豫信息，我们首先对闪锌矿（110）面进行了结构优化，优化前后的表面模型如图 7-17 所示。结构优化过程实际上是一个体系能量降低的过程，其中表面能被广泛用来衡量表面原子相对于体相原子的稳定性，其计算公式如下（Luo et al.，2008）

$$E_{\text{sur}} = \frac{E_{\text{slab}} - nE_{\text{bulk}}}{2A} \tag{7-8}$$

式中，E_{sur} 为单位面积的表面能；E_{slab} 为体系总的自由能；n 为体系中总的原子个数；E_{bulk} 为晶体内部每个原子的自由能；A 为表面积；1/2 表示模拟晶胞的两个自由表面。

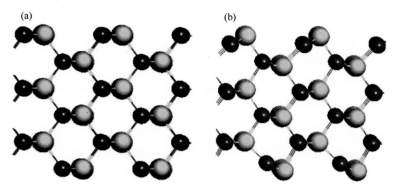

图 7-17　ZnS（110）面超胞模型

（a）结构优化前；（b）结构优化后

如图 7-17（a）所示，闪锌矿（110）面结构优化前，其表面原子排列规律与晶体内部基本一样且比较规则；然后表面结构优化后，即表面原子发生弛豫后闪锌矿（110）面原子的排列明显不同于晶体内部，表面明显发生了几何结构的变形，如图 7-17（b）所示。

图 7-18 所示为 ZnS（110）面发生原子弛豫后的单胞结构示意图，表 7-3 为采用 DFT 计算出的图 7-18 所示的闪锌矿（110）表面几何结构参数及低能电子衍射（LEED）实验测得的实验值（Duke et al.，1984）。

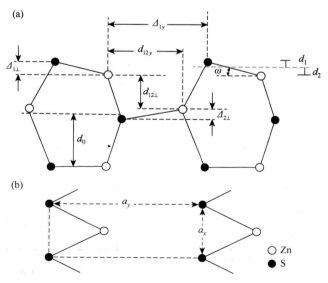

图 7-18　ZnS（110）面原子弛豫后的表面几何结构示意图

（a）侧视图；（b）俯视图

表 7-3　闪锌矿（110）面原子弛豫后的几何结构参数

名称	a_y	a_x	$\Delta_{1\perp}$	Δ_{1y}	d_{12y}	$d_{12\perp}$	$\Delta_{2\perp}$	d_0	ω	d_1	d_2
DFT 计算值	5.38	3.71	0.56	4.22	3.06	1.37	0.21	1.90	27.39	0.12	0.44
实验值	5.41	3.83	0.59	4.29	3.14	1.40	0.00	1.91	28.00	—	—

注：ω 单位为（°），其余为 Å。

如图 7-18 所示，ZnS（110）面发生了明显的弛豫现象，在垂直于闪锌矿晶体表面的法向上，其（110）面第一层 S 向晶体外位移了 d_1 的距离，而 Zn 则向晶体内位移了 d_2 的距离，最终导致闪锌矿表面的 S 处于表面的最外区域，从而形成了一个相对富 S 表面。由表 7-3 可知，通过 DFT 计算的闪锌矿表面第一层原子的位移距离 d_1 为 0.12 Å，d_2 为 0.44 Å，总位移（$\Delta_{1\perp}$）为 0.56 Å，这与实验值 0.59 Å 非常接近。通过 DFT 计算的闪锌矿的晶胞参数（a_y）为 5.38 Å，略小于实验值 5.41 Å，此外表 7-3 中除了表面第二层原子的位移（$\Delta_{2\perp}$）的误差比较大外，其余计算结果都与实验值非常接近，这也反映出 DFT 计算结果的可靠性。

此外，由表 7-3 中的数据还可以看出，晶体表面每一层原子间的位移程度是不同的，而且越接近最表层，这种变化就越显著，即 $\Delta_{1\perp}$ 明显大于 $\Delta_{2\perp}$。由式（7-8）计算知，闪锌矿（110）面原子弛豫前的表面能为 0.96 J/m^2，优化后的表面能降低至 0.31 J/m^2，进一步证明了闪锌矿表面原子弛豫过程实际上是一个表面能自我降低的过程，弛豫后的表面结构才是最稳定的。

对闪锌矿晶体经切割、磨片、抛光后形成的表面，采用原子力显微镜（AFM）扫描，得到如图 7-19、图 7-20 所示的原子尺度的表面拓扑图像。图 7-19 为闪锌矿表面原子尺度的 AFM 三维及平面形貌图。

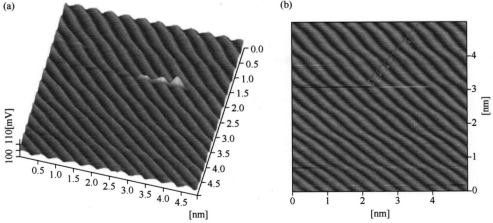

图 7-19　闪锌矿晶体表面原子尺度的 AFM 形貌图

（a）三维图；（b）平面图

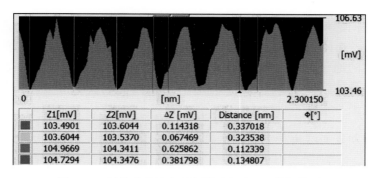

Z1[mV]	Z2[mV]	ΔZ [mV]	Distance [nm]	Φ[°]
103.4901	103.6044	0.114318	0.337018	
103.6044	103.5370	0.067469	0.323538	
104.9669	104.3411	0.625862	0.112339	
104.7294	104.3476	0.381798	0.134807	

图 7-20　闪锌矿晶体表面多原子电子云二维拓扑图

从图 7-19 可以看出，闪锌矿晶体表面从原子尺度观察时，表面是极不平整的，再从更加微观的角度看，每一处都是有差别的，说明闪锌矿表面原子排列与晶体内部的原子规则排列相比，已经完全不规则了。Zn、S 的原子半径分别为 0.074 nm、0.184 nm，锌、硫原子成键后，原子间距应该小于孤立离子直径的叠加，如果闪锌矿表面是按照锌硫原子比为 1∶1 的比例有序排列，则图 7-19 所示的区域内所包含的锌、硫原子总数应该大于 202 个，在空间方向上，表面原子的高度是不一致的，这是因为在空间上有一个 10 mV 的电流差 [图 7-19（a）]。当原子力显微镜的探针接近表面原子时，表面原子会对探针产生电性排斥，接近的距离不一样电流的大小不一，因此，电流大小可以间接反映表面原子的高度。此外，从图 7-19 还可以看出，闪锌矿表面原子不但高低不平，而且分布也不像晶体内部那样均匀，有的原子几乎重叠在一起，有的原子在水平方向上相距较远，这表明实际闪锌矿在空气中新生表面的弛豫还伴随着表面轻微的重构。表面重构是指二维晶胞的基矢量按整数倍扩大，但在外来物质（如氧气、二氧化碳等）影响和弛豫发生时，二维晶胞的矢量整数倍扩大也会受到影响，从而出现不规则的变化。

为了进一步确定闪锌矿表面锌原子和硫原子的排布规律，对图 7-19（b）所示测量位置的原子间的距离进行了测量，得到图 7-20 所示的闪锌矿晶体表面多原子电子云二维拓扑图。

由图 7-20 知，闪锌矿表面原子的二维电子分布在空间方向上也有一定的高差，更清楚地表明了闪锌矿表面原子在空间方向的不平整性，换句话说，也就是表面部分原子在空间方向上相对于原来的位置可能发生了位移，即表面弛豫。其中，在图 7-19（b）中凸起条纹区域随机选取两个原子来测量原子直径（图 7-20 中红色线左侧部分的原子和两条黄色竖线之间原子），结果显示该处原子直径分别为 0.337 nm、0.324 nm，这与 S^{2-} 的直径（0.368 nm）很接近，更接近于 S^{2-} 失去部分负电荷后的直径，这表明凸起的条纹区域中的原子可能为 S。对图 7-19（b）中凹陷条纹区域随机选取两个原子进行原子直径测量（图 7-20 中两条蓝色竖线之间的原子和两条绿色竖线之间原子），结果显示该处原子直径分别为 0.112 nm、0.135 nm，这与 Zn^{2+} 的直径（0.148 nm）很接近，这表明凹陷的条纹区域中的原子可能为 Zn。因此，实际闪锌矿表面驰豫和重构使得硫原子处于表面的最外区域，这与量子化学计算的相对富 S 表面相吻合，理论计算结果和实验结果一致。

3. 黄铁矿表面结构

黄铁矿晶体在破碎的瞬间，形成的表面在理想情况下的原子排列应与体相相同，但是由于化学键的断裂，表面层原子的化学键力失去平衡，表面原子的受力情况将发生变化，为了达到新的平衡状态，将产生弛豫，下面将考察黄铁矿（100）面和（311）面的弛豫情况。所建立的黄铁矿（100）面理论模型大小为 $a_0 = 10.832$Å，$b_0 = 10.832$Å，$c_0 = 20.209$ Å，几何结构为矩形（图 7-21），其表面原子的位移矢量见表 7-4。

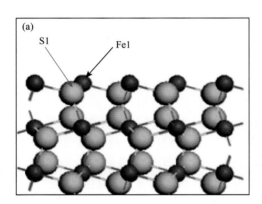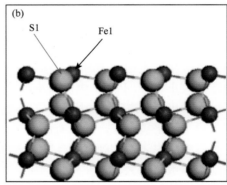

图 7-21　黄铁矿（100）面理论模型

（a）弛豫前；（b）弛豫后

表 7-4　黄铁矿（100）面原子的配位数及其位移矢量

原子标号	配位数	电荷数/e	原子位移/Å		
			$\Delta x[001]$	$\Delta y[010]$	$\Delta z[100]$
Fe1	3	0.14	−0.20	0.26	0.05
S1	3	−0.15	−0.02	0.11	−0.10
体相 Fe	6	−0.10	—	—	—
体相 S	4	0.08	—	—	—

从图 7-21 中可以看出，黄铁矿的表面解离使得表面原子的配位数降低，表

面原子缺少了周围原子的束缚，因而发生弛豫。可以看出（100）面最外层的 3 配位的 Fe 的位移最为明显，主要沿 Fe1—S1 键轴向内部位移；第二层硫原子法向上向外位移 0.11 Å，且水平向配位铁原子方向位移 0.1 Å；黄铁矿表面原子的侧面及水平方向的位移使得黄铁矿的四棱锥向内收缩。第三层以下的原子由于都是饱和配位，弛豫极为微弱，可以忽略不计。矿物表面弛豫现象实质是能量降低的过程，表面优化前、后的表面能的变化证实了这一结论。可以看出，黄铁矿表面的弛豫主要是基于表面配位不足的 Fe，通过静电作用来"恢复"自身配位，从而产生弛豫。（100）面的 3 配位的 Fe1 原子，主要受到 S1 原子的吸引，沿 Fe—S 键向内位移；而 3 配位的 S1 原子，则受到了 Fe1 的吸引，以及第二层硫原子的排斥，沿 Fe—S 键向外位移，从而使得正多面体收缩。不过，表面无明显的重构现象。

从理论模型上讲，根据 S 在表面上的断键程度不同，其覆盖数目不同（0～8 个/单胞），（311）面有 9 种可能的终端。为了更接近真实的黄铁矿表面，构建了 Fe—S 键和 S—S 键都存在的黄铁矿（311）面超胞模型，见图 7-22。

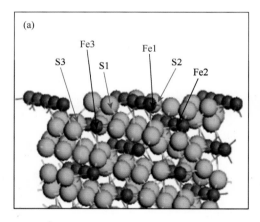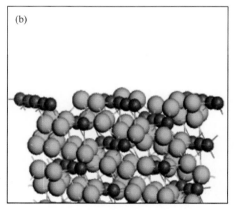

图 7-22　黄铁矿（311）面理论模型

（a）弛豫前；（b）弛豫后

（311）面的超晶胞模型，大小为 $a_0 = 13.266436$Å，$b_0 = 15.318761$Å 和 $c_0 = 19.674459$Å。最外层的 Fe 为 3 配位。4 配位和 5 配位 Fe 在第二层原子中水平交替，分别形成三棱锥和四棱锥倾于表面。而最外层 3 配位 S 呈两种形态，一种是 Fe—S 键断裂，S 与 2 个 Fe 和一个 S 连接［图 7-22（a）中 S1］；另一种是 S—S 键断裂，Fe—S 键没有断裂，S 与 3 个 Fe 连接［图 7-22（a）中 S2］。黄铁矿（311）面的表面原子的配位数及位移矢量见表 7-5。

表 7-5　黄铁矿（311）面原子的配位及其位移矢量

原子标号	配位数	电荷数/e	原子位移/Å		
			Δx[001]	Δy[010]	Δz[100]
S1	3	−0.12	0.20	0.14	−0.05
S2	3	0.06	0.11	−0.06	−0.11
S3	4	0.08	0.03	0.04	−0.01
Fe1	3	0.14	−0.26	0.04	−0.12
Fe2	4	−0.03	−0.08	−0.10	−0.08
Fe3	5	−0.06	−0.01	−0.09	−0.06
体相 Fe	6	−0.10	—	—	—
体相 S	4	0.08	—	—	—

从表 7-5 中可以看出，（311）面最外的 3 配位 Fe（Fe1）位移最为明显，沿 Fe—S 键向内位移；4 配位和 5 配位的 Fe 沿 Fe—S 键键轴向多面体顶点位移；S1 原子的位移也比较明显，使得 S—S 键向平行于（311）面的方向倾斜；S2 的位移较为轻微。对于（311）面的 Fe，配位越低弛豫程度越大。尽管 S1 和 S2 原子都是 3 配位，但由于 S—S 键的断裂，S2 缺少了相连 S 的排斥作用，其弛豫较 S1 弱。（311）面也无明显的重构现象。

黄铁矿晶体经切割、打磨和抛光后形成的新鲜表面，采用 AFM 对表面原子尺度的形态进行表征，如图 7-23 所示为原子尺度的表面拓扑图像。

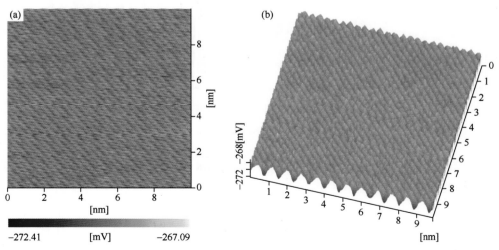

图 7-23　黄铁矿表面的 AFM 拓扑图

（a）平面图；（b）三维图

图 7-23（a）中所示为黄铁矿表面的 AFM 平面图，从图中可以看出，黄铁矿表面原子排列呈明显的条带状，亮度较高的条纹为最外层排列的原子，亮度较低的条纹为表层以下的原子排列，同时原子沿水平的 135°方向平行排列。从图中可以看出，原子的直径约为 0.3 nm，略高于硫原子的直径，与硫原子得到部分负电荷后的直径接近，所以可以认为是表面上硫原子，黄铁矿的表面弛豫使得硫向外靠。图 7-23（b）所示为黄铁矿表面的 AFM 三维立体图，从图中可以看出，黄铁矿晶体表面从原子尺度观察时，表面极不平整，说明黄铁矿表面原子排列与晶体内部的原子规则排列相比，具有一定的差异。此外，结果表明表面原子弛豫时，每一个原子的状态都不一样。在空间法向方向上，表面原子的高度是不一致的，可以认为，表面原子弛豫时产生的位移对此有贡献，高低相差最大时约为 0.4 nm，这相对量子化学的计算值较大，这可能是由于测试的环境在非真空状态下进行时，存在外来物质的干扰。上述研究表明，在理想的黄铁矿表面上也有原子尺度的不平整度，这更清楚地表明了黄铁矿表面原子在空间法向上的不平整性，换句话说，也就是表面部分原子在空间法向上相对于原来的位置发上了位移，即表面弛豫。

7.2.3　黄铜矿表面与包裹体铜组分的作用

铜离子是黄铜矿及其伴生矿物中流体包裹体的重要组分，在实际矿物浮选中铜的盐类常作为浮选活化剂，常见的有硫酸铜和氯化铜等。为避免带电体系对能量计算的影响，本节采用的是氯化铜，提高了计算精度和准确性。$CuCl_2$ 在黄铜矿（001）面的吸附最稳定的结构如图 7-24 所示。不论 $CuCl_2$ 初始位置如何，吸附后铜原子都与黄铜矿表面的硫原子作用，键长为 2.221～2.405 Å，吸附能为 −23.986～−20.966 kJ/mol，两个氯原子都没有与表面原子成键。

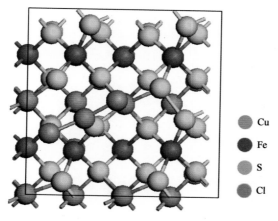

○ Cu
● Fe
○ S
○ Cl

图 7-24　铜盐 $CuCl_2$ 在黄铜矿（001）面的吸附稳定结构

结构参数如图 7-25 所示。该模型吸附能为-23.986 kJ/mol，吸附前 Cl—Cu—Cl 键角是 180°，吸附后键角变为 154.720°，键角收缩变小。吸附前 Cu—Cl 键键长为 2.053 Å，吸附后为 2.119 Å，键长拉伸变长。Cu—S（表面）键键长 2.230 Å，与本体中的 Cu—S 键键长 2.300 Å 接近，结合吸附能结果，CuCl₂ 与表面有相互作用。另外，吸附作用进一步造成了表面 S 层的上升。

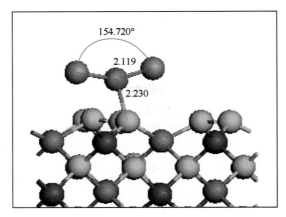

图 7-25　CuCl₂ 与黄铜矿（001）面吸附构型的结构参数

结合表面性质及吸附体系的电子结构计算结果，进一步研究了 CuCl₂ 在黄铜矿（001）面的吸附和成键特性。Mulliken 电荷布局显示，吸附前后 CuCl₂ 中的 Cu Mulliken 电荷分别为 0.26 e 和 0.40 e，说明 Cu 与表面 S 之间存在着电子交换，在吸附过程中电子可由表面 S 向 CuCl₂ 转移。图 7-26 为 CuCl₂ 与黄铜矿表面吸附

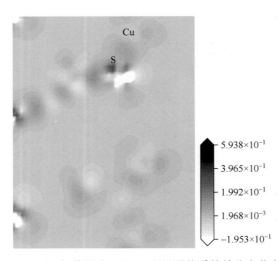

图 7-26　CuCl₂ 与黄铜矿（001）面吸附体系的差分电荷密度图

体系的差分电荷密度图。图中界面通过 $CuCl_2$ 中的铜原子与表面硫原子，并垂直于表面，从图上可以直观地看到价电子局域分布，其中浅色代表电子密度稀少区域，深色表示电子密度较大区域。从图中可以看出，较多的电子分布在 Cu 和 S 周围，这与前面的结构分析的结果一致。

7.2.4　闪锌矿表面与包裹体铜组分的作用

　　铜锌硫化矿多产于夕卡岩型、热液型、热液充填交代型的矿床中，这些类型的矿床属于含流体包裹体数量较多的矿床，由于成矿过程中矿物之间的紧密共伴生关系及成矿流体的化学多样性，主矿物和主矿物之间、主矿物和脉石矿物之间或多或少都会捕获到彼此的部分成矿流体。硫化矿及其脉石矿物包裹体组分中的铜组分释放后会与闪锌矿表面发生作用，进而引起闪锌矿的活化。铜与闪锌矿的作用方式有两种，一种是与闪锌矿表面的锌原子发生取代作用，另一种是在闪锌矿表面硫位上发生吸附作用，后一种吸附作用是前一种的中间形式，前一种取代作用是铜与闪锌矿表面作用的最终形式。本书中对这两种作用形式都进行了模拟计算，铜在 ZnS（110）面原子上的可能的取代构型示意图如图 7-27 所示。

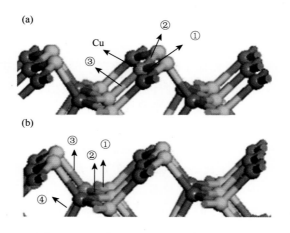

图 7-27　Cu 在 ZnS（110）面的取代构型

（a）Cu 取代顶位（T 位）Zn；（b）Cu 取代底位（B 位）Zn；图中①~④代表相应 Cu—S 键

　　如图 7-27 所示，闪锌矿表面原子上有两种位置的锌原子可以被铜取代，它们分别是位于表面顶位（T 位）和底位（B 位）的锌；铜取代闪锌矿表面 Zn 后和周围的 S 形成了稳定配位，其中铜取代表面 T 位的 Zn 后形成的 Cu—S 键为 3 配位，铜取代表面 B 位的 Zn 后形成的 Cu—S 键为 4 配位。铜取代如图 7-27 所示 ZnS（110）不同位置的 Zn 的取代能（ΔE_{sub}）、铜硫键键长（$D_{\text{Cu—S}}$）及带隙情况列于表 7-6 中。

表 7-6　铜取代闪锌矿表面锌的取代能、键长及带隙

铜取代位置	ΔE_{sub} /(kJ/mol)	$D_{\text{Cu—S}}$/Å	带隙/eV
T 位 Zn	−47.40	①2.21，②2.23，③2.22	0.07
B 位 Zn	−31.34	①2.32，②2.29，③2.26，④2.37	0.01

由表 7-6 可知，铜取代闪锌矿表面不同位置的锌的取代能均为负值，这表明铜取代闪锌矿表面锌的过程是一个自发反应，这也从量子化学的角度证明了铜活化过程中确实存在离子交换过程。铜取代闪锌矿表面不同位置的锌原子的取代能不同，这表明铜取代不同位置的锌的难易程度不同；从取代能判断，铜取代闪锌矿表面 T 位 Zn 的取代能最低，为−47.40 kJ/mol，这表明 Cu 更容易取代闪锌矿表面的顶位 Zn。比较铜取代后形成的 Cu—S 键的键长可知，铜取代后与周围 S 所形成的 Cu—S 键的键长略有差别，但均小于铜硫之间的离子半径（2.57 Å）且接近于铜硫之间的共价半径（2.19 Å）（Dean，1985），这表明 Cu—S 共价键具有一定程度的极性。

前面闪锌矿表面原子弛豫性质的 DFT 计算和 AFM 实验研究结果表明新生的闪锌矿表面会自发地发生表面原子弛豫，在垂直于闪锌矿晶体表面的法向上，其表面 S 向晶体外位移而 Zn 则向晶体内位移，从而形成相对富 S 表面；再加上 S^{2-} 的原子半径（184 pm）比 Zn^{2+} 的原子半径（74 pm）大得多，因而 S 位于整个表面的最外层。闪锌矿这种独特的表面原子结构使得其表面 S 会对铜离子产生吸附效应。结构优化后的铜离子在 ZnS（110）表面可能的吸附构型如图 7-28 所示。

由图 7-28 可知，铜离子在 ZnS（110）面第一层 S 上可能有 5 种吸附构型，它们分别是：①Cu 在闪锌矿表面 T 位 S 上的顶位吸附［图 7-28（a）］；②Cu 在 T 位 S 上的桥位吸附［图 7-28（b）］；③铜在 B 位 S 上的顶位吸附［图 7-28（c）］；④铜在 B 位 S 上的桥位吸附［图 7-28（d）］；⑤铜在 T 位和 B 位 S 之间的三重空位吸附［图 7-28（e）］。

DFT 计算结果表明，在图 7-28（c）～图 7-28（e）所示的铜的吸附构型中 Cu 与 S 作用时，观察到 Cu 有明显被 S 排斥的现象，结构优化能量收敛后，Cu 会自发地靠近 T 位上的某个 S；Cu 与指定作用 S 的距离反而大于 Cu 与表面 T 位 S 之间的距离，并且 Cu 与指定作用 S 所形成的 Cu—S 键的键长均大

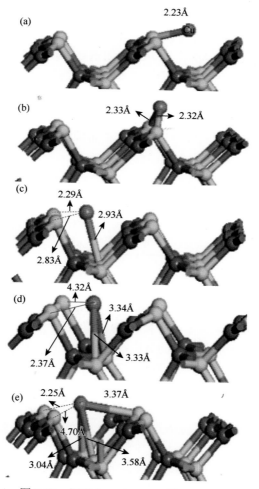

图 7-28　铜在 ZnS（110）面的吸附构型

（a）T 位 S 上的顶位吸附；（b）T 位 S 上的桥位吸附；（c）B 位 S 上的顶位吸附；（d）B 位 S 上的桥位吸附；
（e）T 位和 B 位 S 之间的三重空位吸附

于铜硫之间的离子半径（2.57 Å），这些结果都表明铜离子在闪锌矿表面 S 上发生吸附时更容易与位于表面顶位上的 S 作用，但不排除铜在其他位置的 S 上发生物理吸附。以铜在 B 位 S 上的桥位吸附［图 7-28（d）］为例，吸附平衡后铜与两个 B 位 S 的作用距离分别为 3.33 Å 和 3.34 Å，都远大于铜硫之间的离子半径（2.57 Å），然而铜与闪锌矿表面 T 位上靠近外侧的硫原子之间的距离为 2.37 Å，很明显铜与 T 位上这个硫原子的作用强于 B 位 S。因此，后续只对铜在闪锌矿（110）面 T 位 S 上的吸附进行分析讨论。

　　如图 7-28（a）和图 7-28（b）所示，铜在 T 位 S 的顶位（top）吸附后形成的

Cu—S 键键长为 2.23 Å, 桥位 (bridge) 吸附形成的 2 个 Cu—S 键键长分别为 2.32 Å 和 2.33 Å; 尽管两种吸附构型下 Cu—S 键键长有些差别, 但均介于铜硫共价半径 (2.19 Å) 和离子半径 (2.57 Å) 之间, 这表明铜离子在闪锌矿顶位 S 上的吸附属强烈的化学吸附。罗思岗采用分子力学计算研究铜离子对闪锌矿的活化机理时也发现了铜离子与闪锌矿表面 S 之间有键合作用。

　　表 7-7 所示为铜在图 7-28 (a) 和图 7-28 (b) 所示的闪锌矿 (110) 面 T 位 S 上不同吸附构型下的吸附能及吸附后的闪锌矿带隙情况。

表 7-7　铜在闪锌矿表面 S 位的吸附能及带隙

铜吸附位	铜吸附类型	ΔE_{ads}/(kJ/mol)	带隙/eV
T 位 S	顶位吸附	−657.24	0.07
	桥位吸附	−670.11	0.09

　　由表 7-7 可知, 计算得到的铜在闪锌矿表面顶位 S 的顶位吸附和桥位吸附的 ΔE_{ads} 分别高达−657.24 kJ/mol 和−670.11 kJ/mol, 进一步表明铜在闪锌矿表面顶位 S 上的吸附属化学吸附; 吸附能为负值表明铜在闪锌矿 T 位 S 上的吸附是一个自发反应, 铜桥位吸附的 ΔE_{ads} 明显大于顶位吸附的, 这表明铜在顶位两个 S 之间的桥位吸附构型更稳定。由表 7-7 还可以看出, 铜吸附后闪锌矿的带隙显著降低, 从原来的 2.71 eV 降低至 0.07 eV (顶位吸附) 和 0.09 eV (桥位吸附), 这表明铜吸附后闪锌矿表面的导电性也随之显著增加。

　　图 7-29 所示为铜在 ZnS (110) 面顶位 S 上发生顶位吸附和桥位吸附后表面原子的态密度 (DOS) 图。

　　由图 7-29 可知, 铜吸附后闪锌矿表面原子的态密度发生了改变, 两种吸附都导致了 Cu 3d 轨道峰的形成, 且都位于靠近费米能级 (E_F) 的−1 eV, 这表明铜原子具有很强的活性, 有利于与捕收剂作用。对于这两种吸附, Cu 3d 轨道和 S 3p 轨道在−2.00～0 eV 出现了重叠, 这表明铜的 3d 轨道和硫的 3p 轨道之间存在杂化现象, 因此铜与硫之间的吸附应该属于化学吸附。此外, 吸附后铜的 4 s 轨道电子对导带的组成也有贡献。铜离子在 ZnS (110) 表面 T 位 S 上吸附前后体系各原子的平均布居列于表 7-8 中。

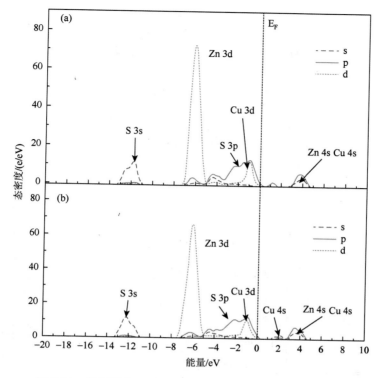

图 7-29　铜离子在 ZnS（110）面吸附后表面原子的态密度

（a）顶位吸附；（b）桥位吸附

表 7-8　铜在 S 位上吸附前后的原子平均布居

作用类型	原子类型	原子轨道布居			总计	电荷/e
		s	p	d		
铜吸附前	S	1.83	4.66	0.00	6.49	−0.48
	Zn	0.69	0.85	9.98	11.52	0.48
	Cu	0.00	0.00	9.00	9.00	2.00
铜吸附后	S	1.83	4.61	0.00	6.44	−0.44
顶位吸附	Zn	0.68	0.84	9.97	11.49	0.51
	Cu	0.56	0.20	9.88	10.64	0.36
桥位吸附	S	1.83	4.62	0.00	6.45	−0.45
	Zn	0.68	0.83	9.97	11.48	0.52
	Cu	0.50	0.24	9.86	10.6	0.39

注：铜吸附后 S 的平均布居是指与 Cu 配位的 S 的布居均值。

由表 7-8 可知，无论是铜在 T 位 S 上的顶位吸附还是在 T 位两个 S 之间的桥位吸附，都导致了电子从 S 向 Cu 的转移，即铜吸附后，闪锌矿表面的 Cu 得到了电子，而 S 则失去了电子；Cu 得到电子后化合价降低被还原，S 失去电子后化合价升高被氧化。以 Cu 在闪锌矿表面 S 上的顶位吸附为例，吸附后 Cu 的电荷从 2.00 e 降低到 0.36 e，而 S 的电荷则从 –0.48 e 增加到 –0.44 e，铜吸附过程中，Cu 的 s、p、d 轨道主要从 S 的 p 轨道得到电子。我们还注意到，吸附过程中 Zn 也失去了部分电子，这可能是体系计算误差所致，实际体系中 Cu 与 Zn 之间应该不会发生作用。总之，Cu 在 S 上的吸附过程也存在电子的转移，是一个 Cu 被还原和 S 相应被氧化的过程。图 7-30 所示为铜在闪锌矿（110）面 T 位 S 上吸附后沿 Cu—S 键成键方向切割后形成的最佳视域差分电荷密度图。

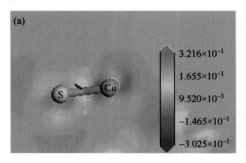

图 7-30　Cu 在 ZnS（110）面吸附后的差分电荷密度图

（a）顶位吸附；（b）桥位吸附

由图 7-30 可知，沿 Cu—S 键的成键方向，两个原子的电子云出现了小部分重叠，进一步说明二者之间发生了作用，S 周围的电荷密度明显高于铜原子。

7.2.5　黄铁矿表面与包裹体铜组分的作用

首先，对铜在黄铁矿表面上的作用形式进行了考察，研究了铜离子在顶端铁位 Fe1 上取代，以及铜离子在顶端硫位 S1 上吸附两种作用形式。S1 作用前将铜离子置于与 S1 原子相距 4 Å 的法向上。图 7-31 显示了铜离子在黄铁矿（100）面的两种吸附形式优化后的理论模型，其中（a）为铜离子取代铁离子的模型，（b）为铜离子直接吸附在表面 S1 上的模型。

计算结果表明，铜取代铁以后，形成 3 配位的聚体，配位的硫原子偏向一侧，结构平衡性较差。铜取代铁的取代能为正值，并且高达 238.23 kJ/mol，表明铜没有取代铁的趋势，因此铜离子在黄铁矿表面的吸附不是通过取代铁的方式实现；

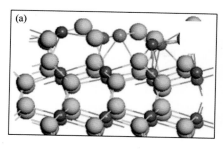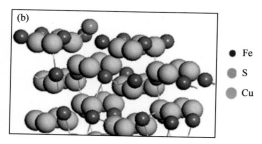

图 7-31　铜离子在黄铁矿（100）面的两种吸附形式

（a）铜取代顶端 Fe1；（b）铜吸附在顶端 S1 上

而铜离子直接吸附在表面 S1 的吸附能为–757.85 kJ/mol，这种吸附形式的化学趋势较大，且铜与硫成键，吸附非常稳定。理论计算结果表明，铜离子在黄铁矿表面上的吸附为硫位直接吸附，而非取代。图 7-32 所示为铜离子吸附在黄铁矿表面上 S1 后的电荷密度图。从图中可以看出，铜离子和 S1 原子之间电子重叠密度较大，Cu—S 键键长为 2.230 Å，共价性较强。

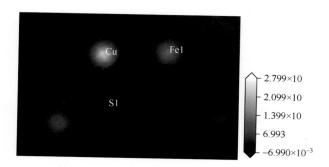

图 7-32　铜离子吸附后黄铁矿表面原子的电荷密度图

图 7-33 所示为黄铁矿（100）面 S1 原子吸附铜离子之后的差分电荷密度图。从图中可以清楚地看到铜离子吸附后，其周围有电子聚集，而与之作用 S1 的周围的电子云缺失，说明铜离子与 S1 之间存在着电子的传递。从图上来看，电子应该是由 S1 传递到铜离子上。表 7-9 所示为铜离子在黄铁矿（100）面吸附前与吸附后的原子电荷布居值，原子电荷布居分析结果也清晰地说明了这种原子间的电荷转移情况。由表可知，铜离子吸附后，使得表面 S1 原子的 3s 轨道失去了部分电子，而 3p 轨道失去了更多的电子，S1 的电荷数由吸附前的–0.15 e 变为–0.03 e；而 Fe1 主要是 3d 轨道得到电子，电荷数由吸附前的 0.14 e 变为 0.09 e，计算结果表明铜离子对表面的铁原子具有微弱的还原作用。

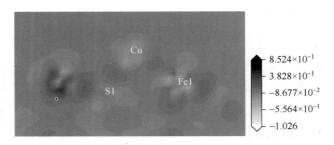

图 7-33　铜离子吸附后黄铁矿表面原子的差分电荷密度图

表 7-9　铜离子吸附前后原子的 Mulliken 电荷布居

原子标号	状态	轨道布居			总计	电荷/e
		s	p	d		
Fe1	吸附前	0.39	0.36	7.09	7.84	0.14
	吸附后	0.39	0.43	7.09	7.91	0.09
S1	吸附前	1.81	4.33	0.00	6.14	−0.15
	吸附后	1.79	4.24	0.00	6.03	−0.03
Cu	吸附前	0.00	0.00	9.00	9.00	2.00
	吸附后	0.95	0.34	9.74	11.03	−0.03

7.3　硫化矿表面-流体包裹体组分-捕收剂间的相互作用

　　由前面硫化矿表面结构的阐述可以知道，新生硫化矿表面会发生表面原子弛豫与重构，其结果是表面硫原子向晶体外移而金属原子向晶体内移，形成相对富硫表面，再加上硫原子的半径比铜、铅、锌等金属原子大得多，硫化矿这种独特的表面结构使其具有一定天然疏水性，但同时也决定了新生的硫化矿表面对矿浆溶液中的金属离子组分具有天然的吸附活性。碎矿磨矿过程中，矿物颗粒的减小，既导致大量硫化矿新生表面的产生，又导致大量流体包裹体组分的释放；所释放的包裹体组分尤其像铜组分这样的活化组分正好在具有高表面活性的矿物新生表面发生强烈吸附，对硫化矿产生自活化效应，这对单一硫化矿的浮选是有利的，但这种自活化效应影响后续捕收剂的选择性，势必对多金属硫化矿的浮选分离带来困难。下面将以黄铜矿表面-铜组分-捕收剂及闪锌矿表面-铜组分-捕收剂间的相互作用为例，阐述它们三者之间的可能作用模型及其微观机制。

7.3.1　黄铜矿表面-铜组分-黄药作用

黄铜矿流体包裹组分铜离子释放到溶液中后，存在的可能的物理化学作用包括铜离子在水溶液中的系列配衡反应、铜离子与黄铜矿表面的吸附等。当浮选过程加入捕收剂黄药后，黄药在水中解离生成黄原酸根离子，由此涉及铜离子、黄原酸根离子和黄铜矿表面的作用，三者作用形式主要有两种可能：一种形式是溶液化学反应，即铜离子与黄原酸根离子作用生成黄原酸铜，这里不再赘述；另一种形式是矿物表面吸附或化学反应，铜离子在黄铜矿表面发生吸附形成 Cu-S 产物，然后黄原酸根离子与其上的 Cu 具有吸附作用。这两种作用形式都可在一定条件下促进黄铜矿的浮选，因此可称为自活化效应，由于这种活化效应在磨矿过程中，伴随着矿物的解离和包裹体组分释放时就已经发生，本书中把这种由黄铜矿流体包裹体组分表面吸附所引发的活化行为称为黄铜矿流体包裹体组分自活化效应。

黄铜矿表面-铜组分-黄药作用吸附模型采用已优化的黄铜矿 2×2×2 超胞结构，表面终止原子层为金属层。首先用 Guassian 软件测试了带电体系三元结构的可能形式，结果表明，可以得到黄原酸根-铜簇模型立体结构，然后建立如图 7-34 所示的 VASP 计算吸附模型。

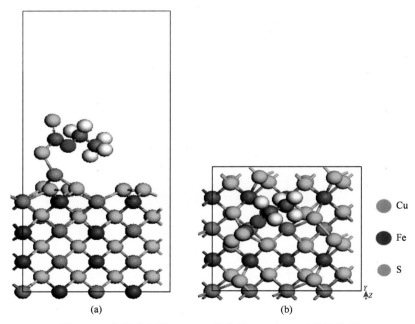

图 7-34　黄铜矿表面 S-Cu-乙基黄药（EX）三元结构模型

（a）侧视图；（b）垂直于表面的视图

　　计算结果表明，铜原子与表面的两个硫原子之间存在着键结行为，铜原子位于两个硫原子位的中间上方，且不止与一个硫原子作用。铜原子位于乙基黄药中的硫原子和黄铜矿表面的硫原子之间，有类似桥联的作用，其中，Cu 与表面两个 S 之间的键长分别为 2.186 Å 和 2.209 Å，而且与无黄药存在的情况对比，Cu 与表面 S 的键长短，这可能是由于乙基黄药中的 S—Cu 键与表面 S 的三元体系存在着电子交换。乙基黄药分子中的另一个 S 与 Cu 距离较远，且与表面几乎没有作用。另外，吸附后黄铜矿（001）表面产生了部分弛豫，表层和次层的 S—S 键和 S—Cu 键变化相对较大。此构型的吸附能为−804.687 kJ/mol，与无铜离子参与的乙基黄药与黄铜矿表面吸附的各个吸附位的吸附能相比，数值相近，但是比只有铜离子与黄铜矿表面作用的吸附能要大，说明了铜离子对黄药与黄铜矿表面的吸附具有重要影响。图 7-35 为捕收剂与黄铜矿表面吸附形成的黄铜矿表面 S-Cu-乙基黄药三元结构差分电荷密度图。图中界面通过乙基黄药和表面硫原子而垂直于表面。从图 7-35 可以看出，乙基黄药中的硫原子、铜原子和表面原子之间有电子云重叠，表现出共价性，进一步说明了三元体系存在着相互作用。因此，铜离子对黄药与黄铜矿表面的吸附具有重要影响。

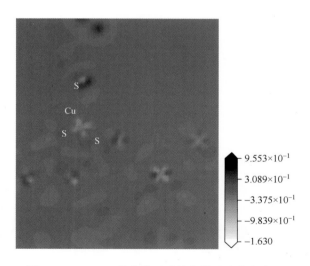

图 7-35　S-Cu-乙基黄药吸附结构差分电荷密度图

　　本书前面已经介绍过铜离子是黄铜矿流体包裹体的主要成分之一，铜离子与黄铜矿也存在着吸附作用，主要是铜离子与表面硫作用，这在前面实验和理论研究中都得到了证明，也就是说黄铜矿流体包裹体组分铜离子对黄铜矿本身也具有活化效应。实验与理论计算证实，流体包裹体组分的释放是一个不可忽视的重要因素，我们提出了流体包裹体组分自活化浮选理论模型，如图 7-36 所示。一方面，铜离子与捕收剂离子反应生成黄原酸铜，之后铜与表面硫原子吸附，形成疏水表面。另一方面，铜离子首先与表面硫原子作用，生成 Cu_xS_y 物质，捕收剂离子与这些 Cu 基硫化物作用，形成疏水表面。

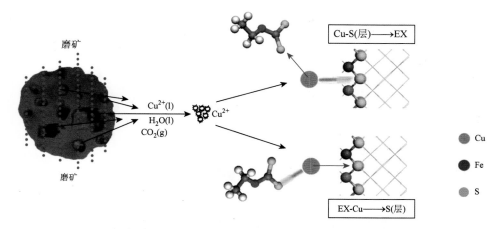

图 7-36　黄铜矿流体包裹体组分铜离子自活化浮选理论模型

7.3.2　闪锌矿表面-铜组分-黄药作用

本书在前面的章节中已经介绍过，由于成矿过程中矿物之间的紧密共伴生关系及成矿流体的化学多样性，多金属硫化矿矿床中产出的黄铜矿、闪锌矿、黄铁矿等有用矿物及与之共伴生的脉石矿物的流体包裹体中均含有彼此的部分成矿流体。多金属硫化矿磨矿过程中，矿物流体包裹体释放的铜组分必然会对闪锌矿产生自活化，这对闪锌矿与其他金属硫化物的分离是不利的。计算了闪锌矿-铜-EX 三元体系之间的作用情况，结构优化后的作用模型如图 7-37 所示。由图 7-37 可知，流体包裹体释放的铜组分在闪锌矿表面发生吸附，乙基黄原酸根离子以垂直的方式与闪锌矿表面铜成键，疏水基位于表面最外端，理论计算结果表明闪锌矿-铜-EX 三元介质之间存在 4 种稳定的作用模型：①EX 与闪锌矿表面取代 Cu 作用；②EX 与 S 上顶位吸附 Cu 作用；③EX 与 S 上桥位吸附 Cu 作用；④EX 与吸附在表面的 $Cu(OH)_2$ 作用，这四种作用模型都能引起闪锌矿的活化浮选。特别地，当 EX 与吸附在表面的 $Cu(OH)_2$ 作用时［图 7-37（d）］，明显可以观察到 $Cu(OH)_2$ 分子中的 OH^- 与闪锌矿表面某些位置的 Zn 发生了作用并且分子中 Cu—OH 键发生了断裂，释放出了游离的 OH^-（图中虚线圆所示），同时分子中的 Cu 会与闪锌矿表面 S 发生作用。因此，EX 与表面 $Cu(OH)_2$ 作用的本质是 EX 与处于解离或部分解离态 $Cu(OH)_2$ 分子中 Cu 作用，而 Cu 又会与闪锌矿表面 S 作用从而引起活化浮选，Cu 在整个活化浮选中起到了桥联的作用。

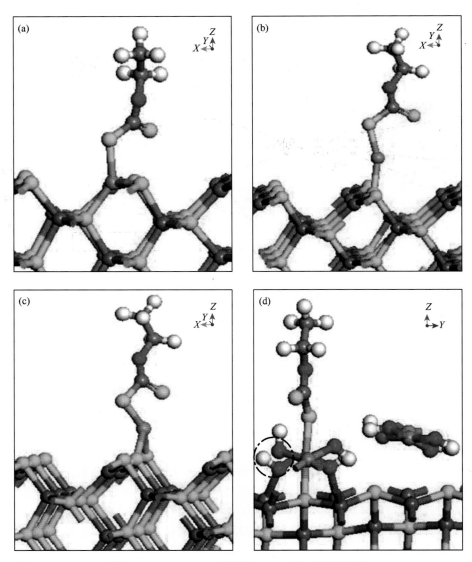

图 7-37　ZnS（110）面-铜-EX 三元介质作用模型

（a）EX 与取代 Cu 作用；（b）EX 与 S 上顶位吸附 Cu 作用；（c）EX 与 S 上桥位吸附 Cu 作用；
（d）EX 与吸附在表面的 Cu(OH)$_2$ 作用

　　DFT 计算结果显示，闪锌矿-铜-EX 三元体系作用后，EX 中各原子之间的键长变化很小，但键角却会发生很大改变，见表 7-10。

表 7-10　乙基黄药与闪锌矿铜活化表面作用前后的键角变化

Cu 作用类型	EX	键角				
		∠C1—C2—O	∠C2—O—C3	∠O—C3—S2	∠O—C3＝S1	∠S1＝C3—S2
取代	作用前	108.46°	116.06°	126.66°	122.07°	111.76°
	作用后	105.51°	123.52°	110.26°	119.89°	129.85°
	增减值	−2.95°	＋7.46°	−16.40°	−2.18°	＋18.09°
S 上顶位吸附	作用后	106.46°	121.88°	112.53°	126.92°	120.36°
	增减值	−2.00°	＋5.82°	−14.13°	＋4.85°	＋8.60°
S 上桥位吸附	作用后	106.44°	125.15°	117.19°	128.04°	114.77°
	增减值	−2.02°	＋9.09°	−9.47°	＋5.97°	＋3.01°
Cu(OH)₂吸附	作用后	106.35°	120.49°	108.55°	123.27°	128.17°
	增减值	−2.11°	＋4.43°	−18.11°	＋1.2°	＋16.41°

由表 7-10 可知，EX 与闪锌矿表面铜原子作用时，EX 分子自身的分子结构也会发生一定变化，这种结构变化主要体现在分子中键角的变化上，不同作用模型下的键角变化程度不同，作用后有的位置的键角缩小而有的位置键角扩大，但其共同点是作用后与铜发生键合的 S、双键 S 及它们之间的 C 原子三者所成的键角（∠S1＝C3—S2）都会扩大。闪锌矿-铜-EX 三元体系四种作用模型的作用能（ΔE_{int}）及作用后 EX 中键合 S 与闪锌矿表面 Cu 二者之间形成的 Cu—S 键键长（$D_{Cu—S}$）如表 7-11 所示，其中 ΔE_{int} 由式（7-7）计算得出。

表 7-11　四种作用模型的吸附能和 Cu—S 键键长

作用模型	ΔE_{int}/(kJ/mol)	$D_{Cu—S}$/Å
ZnS(110)-取代 Cu-EX	−232.52	2.24
ZnS(110)-S 顶位吸附 Cu-EX	−256.11	2.14
ZnS(110)-S 上桥位吸附 Cu-EX	−268.65	2.28
ZnS(110)-表面 Cu(OH)₂-EX	−281.60	2.31

由表 7-11 所示，闪锌矿-铜-EX 三元体系四种作用模型的 ΔE_{int} 均远大于零（绝对值数值），这表明这四种作用模型的反应能自发进行；同时这四种铜活化浮选模型的 ΔE_{int} 远大于 EX 与闪锌矿表面 Zn 直接作用的 ΔE_{int}（−87.63 kJ/mol），这表明闪锌矿铜活化后，EX 与表面铜的作用比 EX 与闪锌矿表面 Zn 直接作用要容易得多。四种铜活化浮选模型中，EX 中 S 与闪锌矿表面 Cu 二者之间形成的 Cu—S

键键长 D_{Cu-S} 均小于铜硫之间的离子半径（2.57 Å），且接近或小于铜硫之间的共价半径（2.19 Å），这进一步表明，EX 中键合 S 与闪锌矿表面 Cu 发生了化学作用，同时还表明形成的 Cu—S 键是一种介于共价键和离子键之间的混合键。结合前面闪锌矿表面与包裹体铜组分作用的计算结果，作者对闪锌矿-流体包裹体铜组分-捕收剂间的四种铜活化浮选模型及适用条件进行讨论：

（1）乙基黄药（EX）与闪锌矿表面发生取代的铜作用 [图 7-37（a）]，适用于整个 pH 范围内且活化时间越长作用越明显，在溶液酸性比较强的情况下占主导。

（2）EX 与闪锌矿表面 S 上吸附铜的作用 [图 7-37（b）和 7-37（c）]，适用于弱酸性和碱性矿浆溶液中。

（3）EX 与吸附在表面的 $Cu(OH)_2$ 直接作用浮选闪锌矿 [图 7-37（d）]，适用于碱性条件下溶液中铜浓度较低且铜活化时间较短的情况。

7.4 硫化矿物流体包裹体浮选效应

自然界中，铜、铅、锌多金属硫化矿通常紧密共伴生，从矿物形成时的流体化学性质来看，金属硫化矿的流体包裹体组分中必定含有其成矿主要组分之一的矿物同名金属离子，例如，硫化铜矿流体包裹体必定包含铜组分，闪锌矿流体包裹体中必定含有锌组分，方铅矿的包裹体中肯定含有铅组分。同时，由于成矿过程中矿物之间的紧密共伴生关系及成矿流体的化学多样性，主矿物和主矿物之间、主矿物和脉石矿物之间或多或少都会捕获到彼此的部分成矿流体。换句话说，多金属硫化矿矿床中产出的硫化铜矿物中的流体包裹体中可能含有闪锌矿的组分，闪锌矿的流体包裹体中也可能含有硫化铜的组分，脉石矿物中也可能含有硫化铜矿或闪锌矿的组分，或者是同时兼有铜、铅、锌多种化学组分。矿物中流体包裹体虽然体积较小，但其数量巨大，再加上实际多金属硫化矿石中脉石矿物占绝大多数，如果再考虑这部分包裹体的影响，那么矿物包裹体组分释放对矿浆溶液化学性质和矿物表面性质所带来的影响必须引起人们的重视。矿物中流体包裹体组分的释放给矿物浮选带来了活化或抑制效应，增加了浮选溶液体系的复杂性，也给浮选表面和界面化学及浮选溶液化学研究带来了新的科学问题。下面作者将从以下四个方面对矿物流体包裹体组分释放对金属硫化矿浮选的影响进行讨论，形成硫化矿物流体包裹体活化浮选理论体系。

第一，流体包裹体释放组分对硫化矿浮选的自活化效应。经典的硫化矿浮选理论认为，硫化矿物表面的适度氧化是浮选能够有效进行的重要条件。一方面，硫化矿物表面对黄药的吸附，需要表面具有活性的金属离子位点，而表面适度氧化可以使硫原子转化为硫酸根进入溶液，相对提高矿物表面金属离子浓度，增加活性位点，便于黄药吸附。另一方面，适度氧化可以使表面的硫部分氧化为元素硫，增加矿物表面疏水性，提高浮选效果。然而，我们的研究证实，硫化矿的氧化溶解非常缓慢，在常规的浮选时间内，上述适度氧化的情况并不能有效发生。硫化矿矿浆溶液中重金属离子、硫酸根等"难免"离子主要来源于氧化与溶解的经典理论已经被证实依据不足，而这些"难免"离子的来源主要是流体包裹体组分的释放。释放的重金属离子在硫化矿表面吸附提高表面金属离子浓度和表面电性，为黄药吸附创造了有利条件，原生硫化矿不需要适度氧化就能快速浮选。所以，硫化矿物表面原子弛豫—流体包裹体组分释放—包裹体组分吸附自活化—捕收剂吸附快速浮选，才是硫化矿浮选更有依据的基本过程，硫化矿流体包裹体浮选效应的发现，改写了经典的硫化矿浮选理论，形成了新的硫化矿浮选原理。

　　第二，流体包裹体组分释放对硫化矿浮选分离的影响。众所周知，铜、铅、锌多金属硫化矿的浮选分离一直是我国乃至世界范围内矿物加工领域研究的热门和难点课题之一。对于分离困难的原因，除了矿石自身矿物组成和矿石性质较为复杂外，其中一个重要的原因就是矿浆中大量存在的"难免"重金属组分尤其是铜铅活化组分对所要抑制矿物的预先活化。从本书前面的内容介绍中可知道，新生硫化矿表面会发生表面原子弛豫与重构，其结果是表面硫原子向晶体外移而金属原子向晶体内移，形成相对富硫表面，再加上硫原子的半径比铜、铅、锌等金属原子大得多，硫化矿这种独特的表面结构正是其具有一定天然疏水性的原因，同时决定了新生的硫化矿表面对矿浆溶液中的重金属离子具有天然的吸附活性。在常见的自然浮选 pH 条件下，硫化矿自身流体包裹体所释放的重金属组分占主导作用，再加上脉石矿物中包裹体的释放，那么包裹体的影响就更为突出。磨矿过程中，金属硫化矿及脉石矿物包裹体释放出的包裹体组分，尤其像 Cu 和 Pb 这样的重金属活化组分将在具有较高活性的矿物新生表面发生交互吸附，最终造成铜、铅、锌硫化矿表面趋同，即发生表面同质化效应，原本单一硫化矿表面趋于变成了铜、铅、锌共有的硫化矿表面，最终导致浮选分离困难，这也是为什么某些多金属硫化矿矿床中硫化矿难以浮选分离的一个重要的新致因。基于这个新致因，通过抑制铜离子的释放来调控铜锌硫化矿浮选表面和界面反应，有助于寻找新的方法提高铜锌混合硫化矿选择性浮选效果，这些新发现与铜、铅、锌硫化矿流体包裹体浮选效应紧密相连。

　　第三，流体包裹体组分释放对硫化矿浮选溶液化学体系的影响。本书第六章中对硫化矿理论溶解度、溶解特性已经进行过系统阐述，硫化矿自身溶度积常数较小且溶解度极低，例如，铜锌硫化矿物溶解度在 $10^{-9} \sim 10^{-15}$ mol/L 内，通过溶解释放的重金属组分量有限。因此，金属硫化矿及其脉石矿物中的流体包裹体组分的释放对浮选矿浆溶液化学组成具有重要贡献，尤其是在中性矿浆体系下，包裹体组分释放占主导作用。矿物流体包裹体中除了含有 Na^+、K^+、Ca^{2+}、Mg^{2+}、

Cu^{2+}、Pb^{2+}、Zn^{2+}等金属离子外，还含有丰富的 Cl^-、F^-、SO_4^{2-} 等阴离子组分及石盐、卤化物、硫化物、硫酸盐、碳酸盐、磷酸盐、硅酸盐、硼酸盐和金属氧化物等子矿物。包裹体作为浮选矿浆中"难免"离子的重要来源，其释放出来的 Cu^{2+}、Pb^{2+}、Zn^{2+}、Fe^{2+}、Ca^{2+}、Mg^{2+}、K^+等金属阳离子会使浮选体系复杂化，破坏浮选的选择性。

　　这些包裹体释放的金属离子在溶液体系中发生水解和络合反应，将影响或改变浮选过程。金属离子除了在矿物表面发生吸附外，在矿浆溶液中也会和捕收剂发生作用，例如，溶液中的 Cu^{2+} 和 Pb^{2+} 与捕收剂黄药发生反应形成黄原酸铜沉淀。包裹体组分中的 Ca^{2+} 和 Mg^{2+} 对氧化矿的浮选也具有重要影响。此外，由于包裹体含有丰富的氯相组分，这些包裹体释放的氯相组分很可能也会对浮选体系产生一定影响，实际浮选体系可能是在含有一定盐度的水溶液中进行的。浮选体系中的氯相组分通过影响矿物的溶解速率、矿物水界面的双电层性质、体系金属离子的络合反应、浮选泡沫性质甚至是药剂的作用行为来影响浮选过程。

　　第四，流体包裹体组分释放对矿物可浮性差异的影响。地质领域的研究表明，不同地域、不同成矿条件的矿床中的矿物流体包裹体的丰度和化学组成存在明显的差异。生产实践中，往往遇到不同矿山或同一矿山不同矿区产出的同种矿物可浮性差异较大，如有的矿山的铜锌分离、铅锌分离相对容易进行，而有的矿山却非常困难。这除了与已知的矿石自身嵌布粒度、矿石结构和组成等有关外，矿物中流体包裹体的含量及其化学组成可能也是非常重要的影响因素。在矿物被破碎和研磨的过程中，矿物粒度逐渐变小的同时，大量的包裹体被打开，而其中的流体组分被释放，使得浮选体系变得极其复杂。而不同矿床中的包裹体所释放的离子在种类和数量上有差异，这些组分将对矿物产生不同程度的活化或抑制作用，进而可能造成不同地域的同种矿物具有不同的浮选行为。

参 考 文 献

Blöchl P E，Jepsen O，Andersen O K. 1994. Improved tetrahedron method for Brillouin-zone integrations[J]. Physical Review B，49（23）：16223-16233.

Chen J H，Chen Y. 2010. A first-principle study of the effect of vacancy defects and impurities on the adsorption of O_2 on sphalerite surfaces [J]. Colloids Surface A，363（1-3）：56-63.

Chen J H，Chen Y，Li Y H. 2010. Effect of vacancy defects on electronic properties and activation of sphalerite（110）surface by first-principles[J]. Transactions of Nonferrous Metals Society of China，20（3）：502-506.

de Lima G，de Oliveira C，de Abreu H，et al. 2011. Water adsorption on the reconstructed（001）chalcopyrite surfaces[J]. Journal of Physical Chemistry C，115（21）：10709-10717.

Dean J A. 1985. Lange's Chemistry Handbook M]. Knoxville：University of Tennessee.

Duke C B，Paton A，Kahn A. 1984.The atomic geometries of GaP（110）and ZnS（110）revisited：A structural ambiguity and its resolution[J]. Journal of Vacuum Science & Technology A，2（2）：515-518.

Feynman R. 1939. Forces in molecules[J]. Physical Review，56（4）：340-343.

Hafner J. 2008. Ab-initio simulations of materials using VASP：Density-functional theory and beyond[J]. Journal of Computational Chemistry，29（13）：2044-2078.

Harmer S L，Pratt A R，Nesbitt W H，et al. 2004. Sulfur species at chalcopyrite（CuFeS$_2$）fracture surfaces[J]. American Mineralogist，89（7）：1026-1032.

Jones M H，Woodcock J T. 1984. Principles of Mineral Flotation，The Wark Symposium [C]. AIMM：43.

Kelebek S，Smith G W. 1989. Electrokinetic properties of a galena and chalcopyrite with the collectorless flotation behaviour[J]. Colloids and Surfaces，40（0）：137-143.

Klauber C. 2003. Fracture-induced reconstruction of a chalcopyrite（CuFeS$_2$）surface[J]. Surface and Interface Analysis，35（5）：415-428.

Kresse G，Furthmüller J. 1996. Software VASP，Vienna（1999）. Physics Review B，54（11）：169.

Kresse G，Joubert D. 1999. From ultrasoft pseudopotentials to the projector augmented-wave method[J]. Physical Review B，59（3）：1758-1775.

Luo W，Hu W，Xiao S. 2008. Size effect on the thermodynamic properties of silver nanoparticles[J]. Journal of Physical Chemistry C，112（7）：2359-2369.

Martins J L，Troullier N，Wei S H. 1991. Pseudopotential plane-wave calculations for ZnS[J]. Physical Review B，43（3）：2213-2217.

Monkhorst H J，Pack J D. 1976. Special points for Brillouin-zone integrations[J]. Physical Review B，13（12）：5188-5192.

Perdew J P，Wang Y. 1992. Accurate and simple analytic representation of the electron-gas correlation energy[J]. Physical Review B，45（23）：13244-13249.

Rath R K，Subramanian S. 1999. Adsorption，electrokinetic and differential flotation studies on sphalerite and galena using dextrin[J]. International Journal of Mineral Processing，57（4）：265-283.

Skinner W M，Nesbitt H W，Pratt A R，et al. 2007. Cu adsorption on pyrite（100）：Ab initio and spectroscopic studies[J]. Surface Science，601：5794-5799.

Sun W，Hu Y H，Qin W Q. 2004. DFT research on activation of sphalerite[J]. Transactions of the Nonferrous Metals Society of China，14（2）：376-382.

Tang L S，Huang K J，Wang D Z. 1989. Effect machanism of cooper ions on sulphie ores[J]. Mining and Metallurgical Engineering，3：29-32.

Wang D Z，Hu Y H. 1988. Solution Chemistry of Flotation[M]. Changsha：Hunan Science & Technology Press.